织物起毛起球性能的计算机评级

◎ 余灵婕 著

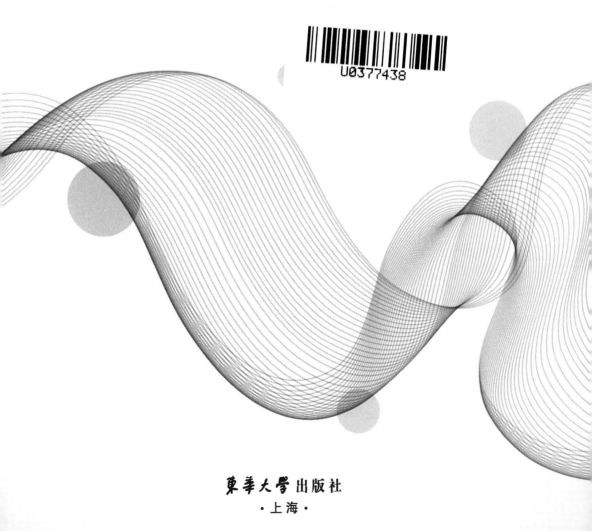

东华大学出版社
·上海·

内 容 提 要

本书首先系统回顾了织物起毛起球计算机评级的相关研究,阐述了评级算法构建中的关键问题。本书作者自行研制了起毛起球计算机评级软件,设计了织物序列多焦面图像的采集方案,利用 Depth From Focus(DFF)技术获得织物表面及绒毛的三维深度数据,构建了基于深度信息的绒毛和织物本体的图像分割算法,建立了基于支持向量机的织物起毛起球性能的评价算法,实现了织物起毛起球性能的计算机评级。此外,本书还运用自行研制的计算机评级软件描述了织物起毛起球性能随摩擦时间的动态变化过程。本书可供纺织和服装领域的科技人员阅读,也可作为高等院校相关专业的教学参考书。

图书在版编目(CIP)数据

织物起毛起球性能的计算机评级 / 余灵婕著. —上海:东华大学出版社,2021.5

ISBN 978 - 7 - 5669 - 1690 - 7

Ⅰ.①织… Ⅱ.①余… Ⅲ.①起球-织物性能-性能检测 Ⅳ.①TS101.92

中国版本图书馆 CIP 数据核字(2019)第 279159 号

责任编辑 张 静

封面设计 魏依东

出　　　版:东华大学出版社(地址:上海市延安西路 1882 号　邮政编码:200051)

出版社网址:http://dhupress.dhu.edu.cn

天猫旗舰店:http://dhdx.tmall.com

出版社邮箱:dhupress@dhu.edu.cn

营 销 中 心:021-62193056　62373056　62379558

印　　　刷:句容市排印厂

开　　　本:710 mm×1000 mm　1/16

印　　　张:7.75

字　　　数:140 千字

版　　　次:2021 年 5 月第 1 版

印　　　次:2021 年 5 月第 1 次印刷

书　　　号:ISBN 978 - 7 - 5669 - 1690 - 7

定　　　价:39.00 元

前　言

纺织品在使用和洗涤过程中，由于不断的摩擦会产生起毛起球现象。织物表面起毛起球不仅会严重影响面料的美观和手感，也会降低面料的力学性能。因此，起毛起球性能是评价织物服用性能的一项重要指标。目前，纺织服装面料起毛起球性能常用的评定方式是将摩擦后的面料与标准样照进行目测比对，由测试人员肉眼观察后主观评判起毛起球等级。该检测方法参照 2009 年开始实施的国家标准 GB/T 4802 系列，成本高，效率低，稳定性差，还容易受到测试人员情绪等主观因素的影响。因此，针对织物起毛起球性能的计算机视觉客观评定引起了人们广泛的关注。

在现有的织物起毛起球视觉客观评定研究中，计算机处理输出的织物图像多为二维或三维图像。在二维图像下，鉴于毛球和织物表面在光照下的灰度不一致，毛球检测的基本方法是利用灰度阈值分割毛球和织物表面。这种方法容易受到面料上不规则印花图案的干扰，仅适用于对素色和有周期性纹理的织物进行毛球检测。同时，二维图像丢失了毛球的表面深度数据，而这是分割毛球和织物表面的关键信息。三维图像的获取方法主要有激光扫描法、双目立体相机。除此之外，有学者自制了毛球序列切片采集设备，以获得毛球的高度。三维图像采集设备的缺点是成本较高，安装和使用复杂，并且因设备放大倍数限制采集不到绒毛信息。现有对二维图像或三维图像的研究均是基于毛球的检测和特征提取的，尚未有针对绒毛的研究。绒毛对织物手感与外观都有很大影响。织物起毛起球时，首先产生绒毛，绒毛聚集缠绕后形成毛球，因此绒毛是起毛起球性能评价的关键因素。基于以上原因，本书设计的织物起毛起球性能客观评价方法致力于解决两个关键问题：一是开展绒毛层面的起毛起球性能的研究，这需要图像采集设备具有足够的放大倍数，从而使绒毛成像清晰；二是获取织物表面、绒毛及毛球的高度（即深度）信息。

本书作者自行研制了起毛起球检测软件，它的图像采集部分利用制显微镜采集织物序列多焦面图层，绒毛及毛球检测部分则利用 Depth From Focus(DFF)技术获得织物表面及绒毛的深度数据，以此展开织物起毛起球性能的客观评定。

本书采用的自制软件的基本设计思路是通过在显微镜下采集的同轴序列多焦面图层重建织物表面及绒毛的深度信息，并提取织物表面基准平面，实现绒毛与织物本体的分割，根据绒毛覆盖率、覆盖体积、粗糙度、绒毛最大高度和绒毛集中高度等特征参数，定量计算不同摩擦时间（即马丁代尔仪测试的摩擦转数）下的起毛起球等级，研发出织物起毛起球性能计算机评级系统。

本书主要对自制织物起毛起球性能计算机评级系统的硬件架构和软件算法设计做深入介绍，内容包括：基于序列多焦面图层重建织物表面及绒毛深度的研究；建立织物表面基准平面以提取绒毛的研究；提取组合特征参数利用支持向量分类器自动评级的研究。同时，以棉纤维机织物和针织物为样本，对织物在不同摩擦转数下的绒毛集聚态、特征参数和起毛起球等级展开研究，以建立织物起毛起球随摩擦转数变化的动态表征。本书主要内容可概括如下：

（1）硬件平台构建和图像采集方案

检测系统的构建主要包括光源系统的设计及显微镜系统与计算机之间数据传输的设计。针对显微镜自带卤素背光从而无法穿透厚型织物的问题，选用LED环状光源固定在显微镜的物镜上提供前向照明。计算机通过串口控制载物台的三轴精确移动，摄像头通过USB2.0数据线将图像数据输入计算机。两者结合使硬件系统具备了平台自动化控制和图像采集的功能。

图像采集方案的设计主要包括单视野下多图层图像采集方案和多视野扫描平台行进方案。通过对显微镜平台沿 x,y,z 三轴方向单步长移动距离和显微系统景深范围进行测量，确定了图层间深度、采集图层数、切换视野时载物台平移步长等参数，并针对多视野扫描中电机齿轮齿条传动模式会产生回程误差的缺陷，设计了能消除此种误差的载物台行进路线。

（2）序列多焦面图层深度重建算法设计

重建深度图像的思路是在图层中沿深度方向寻找平面位置的清晰度峰值点，其所在图层序号即为该点深度。算法的关键在于选择合适的清晰度评判方法。本书提出了基于自适应区域选择的梯度方差清晰度评价算法，解决了传统评价算子抗噪能力弱、固定区域划分导致的深度不连续等问题。通过预重建深度图像、提取绒毛、分解四层子图像、标记连通区域和计算最大内切圆半径等步骤，算法能自适应选择评价区域。实验表明，该方法不仅能正确测量像素点清晰度，而且抗噪能力强，从而能够获得准确的深度信息。

（3）基于深度对绒毛和织物本体的分割技术

通过若干织物表面基点，建立基准面的拟合平面方程，从而实现对基准面上方的目标，也就是绒毛的提取。重点讨论了织物表面基点的选取方法：获得所有点的深度信息后，首先沿深度不连续边缘两侧选取种子点；经 Meanshift 漂移，将深度相似的点聚类，形成若干分裂片；将深度和法向量共同作为阈值，从所有分裂片中筛选出织物表面分裂片，作为拟合平面的基点。实验结果证明拟合的基准平面对织物表面深度的预测准确。

（4）基于组合特征和支持向量机(SVM)的织物起毛起球性能计算机评级算法

提取绒毛覆盖率、覆盖体积、最大高度、集中高度和粗糙度五个特征参数作为支持向量机的输入端，输出端为织物起毛起球等级。选择了 72 块不同颜色和花型的机织物和针织物，每块织物选取三个检测区域，共 216 个检测区域，检验织物起毛起球性能计算机评级方法的实验效果。通过计算各特征参数在不同大小区域下的稳定性，对检测区域包含的视野个数进行了探讨。选用支持向量机建立织物起毛起球性能分类模型，并通过网格寻优法确定模型最佳参数。通过对 216 组数据的交叉验证发现，系统对织物起毛起球等级判断的准确率达到 89.02%。

（5）织物起毛起球性能随摩擦转数变化的动态表征

通过建立摩擦转数观测点的途径，观察各摩擦阶段的绒毛显微形态。计算覆盖面积率、覆盖体积和粗糙度这三个特征参数，建立它们与摩擦转数的关系曲线。同时，评定织物的起毛起球等级，建立等级与摩擦转数的关系曲线，并与人工目测等级进行对比。将三个特征参数随摩擦转数变化的曲线及起毛起球等级与摩擦转数的关系曲线共同作为起毛起球性能随摩擦转数变化的动态表征指标。

本书讨论了基于织物表面和绒毛深度信息的织物起毛起球性能计算机评级系统的研制，并初步建立了起毛起球性能随摩擦转数变化的动态表征，为建立全面客观且准确的织物起毛起球评价体系奠定了理论基础。

本书涉及内容是在东华大学王荣武教授的精心指导下完成的，同时也得益于东华大学龙海如教授的关心和帮助。在此向两位教授表示真诚的感谢。

本书得到了国家自然科学基金项目(项目批准号:51903199)资助。

著　者

2021 年 2 月

目 录

第一章 绪 论

在服装洗涤、测试和使用过程中,由于面料之间的摩擦,容易产生绒毛,进而形成毛球。产生绒毛和毛球的过程可以描述成三个步骤[1]:首先,面料受到轻微摩擦后,纤维集合体逐渐松散,部分纤维断裂,细小的纤维脱离纱线,从织物表面伸出,形成绒毛;其次,经过进一步的穿着或摩擦,磨损的纤维末端缠绕抱合在一起,形成毛球,其会影响织物的外观和柔软性;最后,经过反复的摩擦,毛球从织物表面脱落。

织物起毛起球一直以来都是影响织物使用性能的一个重要因素。随着图像处理技术的引入,织物起毛起球等级的客观评定取得了很大的进展。本章拟介绍国内外在织物起毛起球性能客观评价方面的研究进展及存在的问题,在此基础上提出基于绒毛深度的计算机评级方法。

我国是世界上最大的服装和面料的生产国和出口国[2]。随着人们生活质量的提高,人们在追求面料实用性能的同时,越来越重视面料的时尚性、外观性和舒适性。严重的织物起毛起球现象会影响面料的外观、手感和使用性能。同时,随着生活节奏的加快,服装穿脱频繁,人们的卫生意识提高也增加了服装洗涤的频率。这些无疑都会提高人们对织物起毛起球性能的要求。起毛起球性能已经被列为面料检测的一项重要考核指标。

很长一段时间以来,织物起毛起球等级的评定通过摩擦后的面料与标准样照比对,由检测人员通过肉眼观察进行。检测人员通常需要经过长时间的训练和经验积累,才具备观察和评定织物起毛起球等级的能力。这种方法存在几个弊端:(1)检测结果的稳定性低,易受外界干扰,很容易因检测人员不同或检测时间不同而造成检测结果不一致的现象,降低了检测报告的说服力;(2)检测人员通常需要长时间的经验积累,人力成本高;(3)人工检测效率低下。在经济一体化的今天,织物起毛起球性能的自动检测越来越受到国内外纺织界的关注,以计算机视觉系统代替人工目测可以加快检测速度,降低人工成本,并将检测人员从枯燥单调的工作中解脱出来,而且能充分利用机器的稳定性。随着我国纺织品对外贸易的飞速发展,面料的自动检测报告可以成为贸易双方都可以信赖的面料质量参考依据,从而有助于面料生产和外贸的进一步发展。

如今织物组织结构和花型日渐丰富,研制适用于各种花型面料的普适性毛球检测系统,仍然有很多问题有待解决。随着计算机视觉和模式识别技术的飞速发展及其在各行各业的广泛应用,客观、精确地对织物起毛起球性能进行评定,研制稳定、高效的毛球自动评定仪器成为可能。

1.1 织物起毛起球性能的测试方法和标准

在正常情况下,服装面料的毛球是由于人体运动造成面料摩擦而形成的,因此织物起毛起球性能的测试方法都是对织物表面进行一定时间和一定次数的摩擦,使织物表面产生绒毛和毛球。常用的起毛起球方法有起球箱法、马丁代尔法、圆轨迹法、随即翻滚法等[3]。

1.1.1 起球箱法

起球箱法主要测试毛织物在几乎不受压力情况下的起毛起球情况。相关标准有 GB/T 4802.3、ISO 12945.1 等。测试方法:将织物试样套在橡胶管上,放入方形木箱;方形木箱内衬有橡胶软木,试样随着木箱转动而翻滚,从而起毛起球。织物运动时几乎不受到压力,且运动轨迹随机。该测试方法的可重复性较好,但影响起毛起球结果的因素较多,如橡胶软木和橡胶管的表面形态。

1.1.2 马丁代尔法

马丁代尔法的相关标准有 ISO 12947.4 和 GB/T 21196.4 等。测试方法:将测试样与同材料织物在给定压力下进行摩擦,其中前者装在夹头上,后者装在磨台上。测试样能绕轴心转动,其与磨台的相对运动轨迹为李莎茹(Lissajous)图形。达到规定转数后,评定测试样的起毛起球等级。

1.1.3 圆轨迹法

圆轨迹法应用得较广泛,其依据标准为 GB/T 4802.2。测试方法:按照规定的方法和试验参数,织物试样在一定压力下沿着圆周运动轨迹,先与尼龙刷摩擦起毛,再与标准织物摩擦起球,或者跳过起毛步骤,直接与标准织物摩擦起球,然后将试样取下,在规定的光照条件下,将试样与标准样照进行对比,由专门人员对试样的起毛起球性能给出视觉评定结果。五张标准样照分别代表从轻微到严重的五个起毛起球等级。

1.2　织物起毛起球性能的表征方法

1.2.1　计数法

计数法是指计算织物一定面积内的起毛起球个数。该方法简单,但无法准确描述毛球尺寸及其分布,因此实用性小,一般不单独使用。

1.2.2　称重法

将织物表面的毛球剪下,称取毛球质量称为称重法。该方法能在一定程度上反映织物起毛起球程度,但毛球的形态各异,同一质量的毛球在形态上千差万别。此方法最大的缺点是操作复杂且费时,一般用于产品开发或实验室。

1.2.3　样照对比法

将起毛起球后的织物试样与标准样照进行对比,由专门人员目测判断织物试样的起毛起球等级,一共分五个等级,级数越低表示起毛起球越严重。该方法是目前应用最广泛的主观评定方法。然而该方法受评估者主观经验的影响较大,因此检测结果的离散性大,也容易受到光照条件、视觉疲劳度等因素的影响。

1.2.4　起毛起球曲线法

织物起毛起球曲线的纵坐标表示试样单位面积上的起球数,横坐标表示摩擦次数。该方法可以描述织物的整个起毛起球过程,同时反映织物起毛起球等级与摩擦次数的关系。通过起毛起球曲线可以分析织物的起毛起球程度及毛球形成与脱落的速率,因此具有全局性和客观性。然而该方法需要长时间的观察,不停地进行观测和计算,过于繁琐和复杂,实用性不强。

以上四种方法是目前常用的织物起毛起球等级评定方法。研究人员开始尝试采用图像处理技术对织物试样图像提取形态学特征,根据特征参数并通过模式识别的方法判定织物起毛起球等级[4-10]。利用图像处理技术表征织物起毛起球性能的特征值多样,可以从多方面提取多维度特征值,然后对这些特征值进行聚类分析,建立分类模型。该方法高效,稳定性好,能摆脱测试人员经验等主观因素的影响。

1.3 织物起毛起球性能客观评价的研究回顾

从文献的检索情况来看,目前客观评价织物起毛起球等级的研究主要集中在三个方面:(1)基于光学二维图像的空间域检测;(2)基于光学二维图像的频率域检测;(3)基于三维激光扫描图像的检测。

1.3.1 基于光学二维图像的空间域检测

基于光学二维图像的空间域检测流程如图 1-1 所示[11-19]。

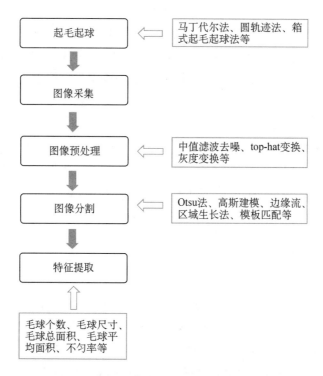

图 1-1　基于光学二维图像的空间域检测流程

1988 年,Konda 等[20]提出了利用图像分割技术评价织物起毛起球性能。首先,采用近似平行光源,从侧面照射织物,入射光的角度为 88°,采集织物的灰度图像。然后,通过最大类间方差法对织物的灰度图像进行分割,提取毛球的二值化图像。之后，建立毛球投影面积的分布曲线。最后，计算毛球总个数和毛球总面积，作为织物毛球等级评价参数，探讨二维参数(即毛球总个数与毛球总面积)与起毛起球等级的关系，并与主观评定结果进行比较。

之后，Abril 和他的团队在织物起毛起球性能的客观检测领域做了许多研究。1996 年，Abril 等[21]采集织物灰度图像后，运用局部阈值分割，探讨了毛球面积与织物起毛起球等级的数学关系。1998 年，Abril 等[22]改进了该算法：(1)分割前进行 Top-hat 变换修正光照不匀；(2)采用高斯建模分割图像；(3)对二值化图像去噪。实验结果显示，该方法的最大错检率为 0.3%。1999 年，Abril 等[23]将空间域与频率域的方法结合，用来分割毛球。首先，采用与织物平行的光源采集织物图像，在平行光源的照射下，织物表面的毛球能明显地从黑暗的背景中凸显出来。然后，通过 top-hat 变换修正织物图像的不均匀光照。接下来，在频率域中分离不规则分布的毛球和结构重复的织物表面，基于背景直方图建立高斯模型，以获得局部阈值并用于分割织物图像，提取毛球总面积，建立毛球总面积与织物起毛起球等级的数学关系。

1996 年，Annis 等[24]肯定了 Abril 及其团队的方法，并加入了毛球尺寸、毛球数量、毛球形状、图像取向度、图像对比度、总覆盖面积和毛球平均面积等特征值。

1997 年，Dar 等[25]设计了自动毛球技术和分级系统。该系统重复性强，分级准确性高。系统由嵌入毛球技术功能的图像处理程序及经过训练的分级程序组成，通过 CCD 摄像头连续采集灰度图像，然后依次经过 Radon 变换、形态学滤波和图像矫正等预处理，最终计算毛球个数。该方法利用形态学处理，过滤织物采样图像中的绒毛，仅仅计算毛球个数。他们采用了大量不同花型和组织的织物样本，验证其设计的系统。

1998 年，王晓红等[26]利用灰度统计和形态学对织物进行预处理后提取毛球。他们采用最大信息熵法分割毛球，并提出了毛球形态学指标：圆形度(S)。

1999 年，Fazekas 等[27]采用了模板匹配和阈值分割相结合的方式提取毛球，通过设计的光源采集图像的深度信息，以更好地分割毛球。

2009 年，Jasinska[28]分析了起毛起球的织物表面。他采用 RGB 模型区分绒毛和毛球，然后根据标准建立织物起毛起球的分级系统。

2009 年，刘晓军等[29]通过 CCD 摄像头获取织物的彩色图像，经过滤波和去除光照不匀的预处理，采用基于边缘流的算法分割毛球，提取毛球个数、毛球总面积和毛球光学体积作为毛球的评定参数，建立它们与毛球等级的联系，在三维坐标系中，采用最小距离法判定毛球等级。

2011年,Jing等[30]采用种子区域生长法(SRG)分割彩色织物图像,采用相对欧式距离和离散余弦变换(DCT)描述织物色彩和纹理,从而进行种子点选择、区域生长和区域合并。同年,Jing[31]尝试采用Meanshift方法分割织物毛球。

空间域检测算法[32-39]的主要思路是利用毛球和织物表面灰度和形态学的区别提取毛球,这容易受到织物表面纹理和花纹的干扰。研究发现织物的组织结构是周期性的,适合变换至频率域中分析,可以通过在频率域中过滤周期性的织物组织结构,保留离散的毛球,从而达到分割毛球的目的[40-43]。

1.3.2 基于光学二维图像的频率域检测

基于光学二维图像的频率域检测[44-51]流程如图1-2所示。

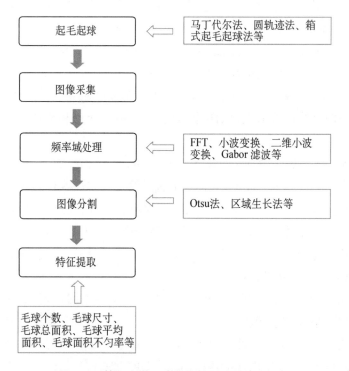

图1-2 基于光学二维图像的频率域检测流程

2002年,Carstensen等[52]研制了针织物起毛起球性能的数字图像分析系统。该系统首先自动生成傅里叶模板,然后利用傅里叶模板计算的功能谱作为毛球特征参数。

2003年,Palmer等[40]提出将二维小波变换(2DDWT)用于测量织物的毛球密度,并用标准试样对该方法进行验证。他们认为,织物的组织结构是周期性的,适合变换至频率域中分析。实验结果证明该方法是可行的。然而区分织物起毛起球等级的能力取决于小波的变换尺度,该尺度的选择与织物中纱线间隔紧密相关,因此该方法容易受到织物的旋转角度和织物图像的放大比例的干扰,因为织物旋转角度及摄像头采集图像的距离不同会改变织物图像上的纱线间隔。虽然 Palmer 等提出了一个试探性的解决方法,但仍然建议其他研究者尝试 Haar 小波分析,因为其方波结构更适合机织物和针织物的组织结构。2009 年,Palmer 等[53]将该方法改进后运用于非织物的起毛起球评价,他将小波纹理分析(WTA)和主成分分析相结合,使 2DDWT 适合更多种类的织物纹理。

2005 年,Kim 等[54]采用非抽样小波变换弱化织物表面周期性的花纹并增强毛球。他们采用织物毛球标准样照进行评估,并提取毛球的覆盖率作为毛球评定参数,发现离散小波重建的分辨率、小波基和子图像都能影响毛球的分割效果。

2011 年,Gao 等[55]提出了基于 Gabor 滤波器的毛球定位方法。他们将毛球分割建立在识别织物结构参数的基础上,深入研究了织物纹理滤除和毛球提取等算法。首先,通过智能识别确定织物经纬纱线密度和织物组织循环数。然后,基于峰点滤波方法和织物密度检测结果选择最优 Gabor 滤波器,采用频域 Gabor 滤波器实现对织物图像的增强。接下来,提出基于局部窗口的 Otsu 阈值方法分割毛球,提取毛球总面积作为特征参数,建立其与起毛起球等级的数学联系。

2011 年,Deng 等[56]采用多尺度二元对偶数复小波变换(CWT)提取毛球信息。CWT 能将织物图像分解为不同尺度六个方向的子图像,之后分别融合成织物表面和毛球子图像。采用能量分析法,选择最优分解尺度,以及去噪、消除表面光照不匀等预处理,最后提取六个特征参数评价毛球等级。

2013 年,Yun 等[57]采用图像处理法分析了机织物的起毛起球性能。采用五级标准样照作为样本,并通过快速傅里叶变换(FFT)和快速沃尔什变换(FWT)等多种方法对图像进行预处理,提取毛球数量、毛球总面积和毛球图像的灰度值,建立它们与起毛起球等级的关系。

2015 年,Xu[58]采用 FFT 对织物图像进行增强,消除了背景光照不匀,并提高了对比度。接下来,将织物图像分解成周期性结构和非周期性结构。对于非周期子图像,采用模板匹配的方法提取毛球。使用毛球密度、图像对比度和毛球尺寸作为特征参数,评定起毛起球等级,采用标准样照建立特征参数与毛球等级的关系方程。

频率域变换[59-60]能有效消除周期性的织物组织结构[61-66],留下随机的毛球,然而它没有解决不规则花纹对织物图像的干扰,且无法提取毛球的高度信息。Ramgulam 等[67]认为基于二维图像的分析仅对素色织物有效,却不适合带花纹的织物。此后,学者们开展了基于三维图像的织物起毛起球性能评定的研究。

1.3.3 基于三维激光扫描图像的检测

基于三维激光扫描图像的检测[68-69]流程如图 1-3 所示。

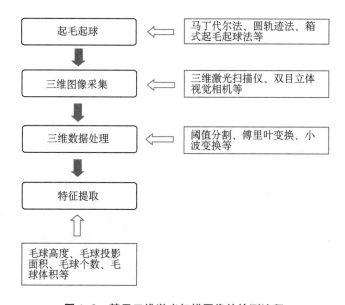

图 1-3　基于三维激光扫描图像的检测流程

1993 年,Ramgulam 等[70]采用激光技术扫描织物表面,获取织物的三维图像,基于全局高度阈值的图像分割技术,将图像分成两个区域——毛球和背景,然后计算毛球数量。将毛球的高度和投影面积分别作为点的 x、y 坐标值,绘制特征点,通过对已知起毛起球等级的织物的训练,获取这两个参数与起毛起球等级的关系。1994 年,Alagha[71]对此方法做了实验验证。

2000 年,Sirikasemlert 等[72]在三维人体模型上模拟织物的穿着状态,并采用激光扫描技术采集织物在起绒、起毛、成球等阶段的纹理变化信息。并在 3D图像上利用傅里叶变换和小波分析进行客观描述。

2004 年,Kang 等[73]利用 CCD 相机激光扫描技术获得织物的三维图像,提取织物的毛球个数、毛球面积和毛球密度作为特征参数。

Kim 等[74]在 2006 年首次采用二维图像和三维图像结合的方式客观评价

织物起毛起球性能,他们将傅里叶变换和三维点云处理技术分别运用于二维图像和三维图像。研究发现,三维图像更适合厚型且容易起毛的织物,二维图像更适合处理薄型且表面光滑的织物。

2011 年,Xu 等[75]模拟人类视觉测量距离的方法,使用双目摄像机拍摄,得到织物的两幅匹配图像,并利用匹配图像构建织物表面的三维图像。采用稳健校准模型和立体匹配算法消除织物组织、色彩、纤维和其他因素的干扰。认为,深度信息是图像分割和毛球测量最直接相关的指标。2013 年,Xu[76]又利用双目视觉技术采集织物的三维图像,然后运用种子生长法以深度局部最大极值为生长点开始生长,从而检测毛球,提取毛球密度、毛球高度和单个毛球面积作为特征值,用以描述织物表面的毛球情况。

2012 年,Yao[77]设计了成本较低的三维图像采集方法获得织物表面图像,用以检测织物起毛起球和折皱性能。

Saharkniz 等[78]在 2012 年使用无接触式激光三维扫描仪扫描织物表面。作者采用快速傅里叶变换分割织物毛球和织物组织,然后提取毛球尺寸、毛球体积、建立覆盖面积,评价毛球等级。

激光探头虽然能有效解决毛球和花纹难以区分的问题,但由于探头需要不停地在采集平台上移动,采集速度远远不如光学摄像头。同时,激光扫描仪设备昂贵,实用价值和经济价值不如光学摄像头,所以大部分客观评价织物起毛起球的研究仍使用光学摄像头织物采集图像。双目摄像机为近年研究的热点,然而该方法需针对检测目标设计采集装置的平台和匹配算法,且受光照的影响很大。除此之外,部分学者通过其他图像采集装置,间接得到织物的三维图像。陈霞[79-80]研制了图像采集装置,通过异形杆采集织物的序列切面投影图像,然后依次将序列切面投影图像的轮廓线的高度曲线拼接起来,得到织物表面形态的三维图像,并把像素点的高度分布转换到灰度区间,得到织物起球灰度图像。通过高斯拟合阈值法分割毛球,提取粗糙度、偏度和峰度作为特征值,利用神经网络进行学习和起球等级模式识别。

1.3.4 上述研究存在的主要问题

(1)现有的织物起毛起球性能检测均针对毛球,缺少绒毛层面的研究。绒毛不仅会影响织物的外观,模糊织物表面的纹理和花纹,对织物手感也有很大影响,且织物起毛起球过程中首先产生绒毛,绒毛聚集纠缠形成毛球,因此绒毛是织物起毛起球性能评价的关键因素。由于常规图像采集设备受到放大倍数的限制,采集不到绒毛的细节,现有基于织物图像的起毛起球性能研究多集中在毛球层面。

（2）图像采集装置不足。此类硬件采集的图像多为二维图像。已起毛起球的织物实际上为空间三维结构，投影到二维图像时，必然会损失一部分信息，其中包括关键的深度信息。目前，基于二维图像提取毛球的基本思路是毛球与织物表面在光源下的灰度强度不一致。这种方法容易受到织物花纹的干扰，因此二维图像仅适用于素色或周期性纹理织物的检测。激光扫描仪和双目视觉系统能获取目标的三维点云。然而，激光扫描仪价格昂贵，效率低下；双目视觉系统需要根据目标搭建合适的硬件和匹配算法，操作和使用过程复杂。同时，绒毛尺寸通常为几个微米，现有采集装置的放大倍数均不足以采集绒毛图像。因此，需要具有微米级放大功能的图像采集装置，使绒毛清晰成像，同时能够获取绒毛的高度信息。

（3）缺少起毛起球系统一体化的研究。2011年，高卫东[81]构建了图像采集和处理软件一体的起毛起球性能自动评级系统，但总体来说，目前的织物起毛起球性能研究缺少对硬件和软件集成的研究。一般而言，完整的织物起毛球性能评定系统包括图像采集装置及图像处理系统，现有的研究大部分将两者分开，首先采用图像采集装置捕捉起毛起球图像，然后利用计算机上的图像处理软件实现后续算法，没有构建图像采集与图像处理于一体的实时起毛起球检测系统。这导致实际操作十分不方便。

（4）缺乏系统性的织物起毛起球评价方式。现有对织物起毛起球性能的客观评价方式是按照相关标准，将织物在某一转数下进行摩擦，采集图像后，经图像处理和特征提取评定起毛起球等级。然而，织物起毛起球是一个动态过程，这种评价方式只能表示织物在某一时间下的起毛起球性能。因此，需要建立动态的起毛起球评价体系，更全面地描述织物在使用过程中的起毛起球性能。

1.4　主要内容

本书介绍了自行研制的织物起毛起球自动评级系统，具体为利用聚焦获得深度（Depth From Focus，DFF）技术，通过在显微镜下采集序列多焦面图层建立织物和绒毛的深度图像，并提取织物表面基准平面，实现绒毛与织物本体的分割，根据绒毛覆盖率、覆盖体积、粗糙度、最大高度和集中高度等特征参数，利用支持向量机（SVM）定量计算织物在不同摩擦转数下的起毛起球等级。

（1）重建织物表面和绒毛深度。探讨合适的清晰度评价方法，从序列多焦面图层中获取每个平面位置的最佳聚焦图层，并将深度值投射到灰度空间，建立起毛起球织物表面和绒毛的深度图像。

（2）绒毛和织物本体的分割算法。借助均值漂移（Meanshift）算法形成若干过分割分裂片，并以深度和法向量与垂直向量的夹角为阈值提取织物表面的分裂片，以织物表面分裂片作为基点拟合织物表面基准平面，分割基准面以上的绒毛和织物本体。

（3）提取起毛起球组合特征参数，通过 SVM 分类器对已知等级样本的学习和训练，建立起毛起球等级分类模型。

（4）研究织物起毛起球性能随摩擦转数变化的动态表征指标。通过定量计算不同摩擦转数下织物的起毛起球等级，建立起毛起球等级与摩擦转数的关系曲线，并与人工检测结果进行对比。同时，通过计算各摩擦转数下若干起毛起球特征值，建立特征参数与摩擦转数的关系曲线。将起毛起球等级曲线与各特征参数曲线共同作为织物起毛起球性能随摩擦时间变化的动态表征指标。

参考文献

［1］Gintis D，Mead E J. The mechanism of pilling［J］. Textile Research Journal，1959，29(7)：578-585.

［2］朱彤，孙永强. 我国纺织品服装产业出口结构与国际竞争力的实证分析［J］. 国际贸易问题，2010，2：25-31.

［3］黄颖. 对纺织服装标准中起毛起球方法的探讨［J］. 中国纤检，2013(8)：72-73.

［4］胡国樑，吴子婴，周华，等. 织物起毛起球计算机辅助评定方法［J］. 纺织学报，2002，23(5)：78-79.

［5］徐增波，胡守忠，杨红穗. 复杂纹理织物的起球图像采集及预处理方法［J］. 东华大学学报（自然科学报），2014，40(5)：560-566.

［6］Yang X. Pilling evaluation of lyocell fabrics using image analysis［J］. Dyeing & Finishing，2001，27(12)：50-53.

［7］敖利民，张林彦，郁崇文. 基于布面毛羽特征参数测试的织物抗起球性客观评价［J］. 纺织学报，2013，34(11)：54-61.

［8］刘成霞. 针织物起毛起球性的客观评价［J］. 纺织学报，2006，27(12)：92-95.

［9］师利芬，张一心. 织物起毛起球测试评定技术的发展［J］. 河北纺织，2005，2：20-24.

［10］赵彩. 织物起毛起球目测等级与特征参数的关系［D］. 上海：东华大

学，2013.

[11] Guan S，Shi H，Qi Y. Objective evaluation of fabric pilling based on bottom-up visual attention model [J]. Journal of The Textile Institute，2016，4(22)：1-9.

[12] Jung M H，Rhodes P A，Clark M. Objective evaluation of fabric pilling using digital image processing [C]. Congress of The International Colour Association，2013.

[13] Liu X，Han H，Lu Y，et al. The evaluation system of fabric pilling based on image processing technique [C]. International Conference on The Image Analysis and Signal Processing，2009.

[14] Xin B，Hu J，Yan H. Objective evaluation of fabric pilling using image analysis techniques [J]. Textile Research Journal，2002，72(72)：1057-1064.

[15] Zhang J，Wang X，Palmer S. The robustness of objective fabric pilling evaluation method [J]. Fibers and Polymers，2009，10(1)：108-115.

[16] Zhang J，Wang X，Palmer S. Performance of an objective fabric pilling evaluation method [J]. Textile Research Journal，2010，80(16)：1648-1657.

[17] 蔡林莉，黄志威，叶春收，等. 基于图像处理的粗梳毛织物起毛起球等级客观评定 [J]. 毛纺科技，2013，41(2)：58-61.

[18] Xu Z B，Lu K，Huang X B. evaluation of fabric pilling using light projection and image analysis techniques [J]. Journal of China Textile University (English Edition)，2000，12(4)：80-86.

[19] 杨洪薇. 基于图像分析的纺织品起毛起球客观评级关键技术研究 [D]. 天津：天津工业大学，2008.

[20] Konda A，Xin L C，Takadera M，et al. Evaluation of pilling by computer image analysis [J]. Journal of Textile Machinery Society of Japan，1988，41(7)：152-161.

[21] Abril H C，Garciaverela M S M，Navarro R F. Pilling evaluation in fabrics by digital image processing [C]. Proceedings of The Lasers，Optics，and Vision for Productivity in Manufacturing，1996.

[22] Abril H C，MillanI M S，Torres Y M，et al. Automatic method based on image analysis for pilling evaluation in fabrics [J]. Optical Engineering，

1998，37(11)：2937-2947.

[23] Abril H C，Garciaverela M S M，Moreno Y M T. Image synthesis of pilled textiles by Karhunen-Loeve transform [J]. The International Society for Optical Engineering，1999(4)：3572-3585.

[24] Annis P A，Bhat S A，Hsi C H，et al. Pilling evaluation of laboratory abraded，laundered and worn fabrics using image analysis ［C］. Proceedings of The Lasers，Optics，and Vision for Productivity in Manufacturing，1996.

[25] Dar I M，Mahmood W，Vachtsevanos G. Automated pilling detection and fuzzy classification of textile fabrics ［C］. Proceedings of The Electronic Imaging，1997 .

[26] 王晓红，姚穆. 图像分析技术评价织物起球 [J]. 纺织学报，1998，19(6)：8-11.

[27] Fazekas Z，Komuves J，Renyi I，et al. Towards objective visual assessment of fabric features[C]. Proceedings of The International Conference on Image Processing & Its Applications，1999.

[28] Jasinska I. Assessment of a fabric surface after the pilling process based on image analysis ［J］. Fibres and Textiles in Eastern Europe，2009，73(2)：55-58.

[29] 刘晓军. 纺织物起毛起球等级评定系统设计 ［C］. 全国信息获取与处理学术会议，2009.

[30] Jing J F，Li P F，Long G S. The improved algorithm for color-texture image segmentation ［C］. proceedings of IEEE 3rd International Conference on The Communication Software and Networks，2011.

[31] Jing J F，Kang X. Fabric pilling image segmentation based on mean shift ［C］. Proceedings of Advanced Research on Electronic Commerce，Web Application，and Communication，2011.

[32] Aotani H，Kume T. The mechanism and the evaluation method of pilling tendency ［J］. Sen-ito Kogyo，1975，31(10)：475-482.

[33] Eldessouki M，Hassan M. Adaptive neuro-fuzzy system for quantitative evaluation of woven fabrics' pilling resistance ［J］. Expert Systems with Applications，2014，42(4)：2098-2113.

[34] Garciaverela M S M，Moreno Y M T，NAVARRO R F. Image segmen-

tation based on a Gaussian model applied to pilling evaluation in fabrics [C]. Proceedings of SPIE — The International Society for Optical Engineering, 1997.

[35] Garciaverela M S M, Navarro R F. Pilling evaluation in fabrics by digital image processing [C]. Proceedings of SPIE — The International Society for Optical Engineering, 1996.

[36] Guanvathi P, Ragunathan K. Pilling evaluation: A new method [J]. Indian Textile Journal, 2008, 12(4): 44-49.

[37] Hassan M, Eldessouki M. Image analysis method for pilling evaluation [C]. Proceedings of The International Material Conference Texco, 2006.

[38] Kayseri G Ö, Kirtay E. Evaluation of fabric pilling tendency with different measurement methods [J]. The Journal of Textiles and Engineer, 2011, 18(1): 27-31.

[39] Xin B J, Hu J L. An investigation of the illumination effects on pilling evaluation [J]. Journal of Donghua University(English Edition), 2011, 28(2): 200-204.

[40] Palmer S, Wang X G. Objective classification of fabric pilling based on the two-dimensional discrete wavelet transform [J]. Textile Research Journal, 2003, 73(8): 713-720.

[41] Technikov L, Tun K M, Jan Č J. Qualitative evaluation of pilling [J]. Advanced Materials Research, 2013, 74(10): 649-654.

[42] Technikov L, Tun K M, Jan Č J. New objective system of pilling evaluation for various types of fabrics [J]. Journal of The Textile Institute, 2016, 20(2): 1-10.

[43] 周圆圆, 潘如如, 高卫东, 等. 基于标准样照与图像分析的织物起毛起球评等方法[J]. 纺织学报, 2010, 31(10):29-33.

[44] Jing J, Zhang Z, Kang X, et al. Objective evaluation of fabric pilling based on wavelet transform and the local binary pattern [J]. Textile Research Journal, 2012, 82(18): 1880-1887.

[45] 曹飞. 基于图像分析技术的织物起球等级评定方法 [D]. 上海:东华大学, 2007.

[46] Feng Y Q, Hu J L, Baciu G. Pilling segmentation for objective pilling evaluation [J]. Journal of Donghua University(English Edition), 2004,

21(3)：107-110.

[47] 卢海空. 小波分析理论在织物起毛起球客观评定中的应用 [D]. 天津：天津工业大学，2007.

[48] Ming Q C, Bing X B, Xie W P. Evaluation for surrounding vibration due to pilling [J]. Soil Engineering & Foundation, 2006, 13(8)：76-81.

[49] 韩永华，汪亚明，康锋，等. 基于频率信息的织物起毛起球等级检测[J]. 丝绸，2013，50(3)：35-38.

[50] 黄春华，王晓春，张杰，等. 层次分析法构建扬派叠石技艺评价体系[J]. 扬州大学学报(农业与生命科学版)，2013，34(2)：92-96.

[51] Stempien Z J I. An alternative instrumental method for fabric pilling evaluation based on computer image analysis [J]. Textile Research Journal, 2014, 84(4)：488-499.

[52] Carstensen J M, Jensen K L. Fuzz and pills evaluated on knitted textiles by image analysis [J]. Textile Research Journal, 2002, 72(72)：34-36.

[53] Palmer S R, Zhang J M, Wang X G. New methods for objective evaluation of fabric pilling by frequency domain image processing [J]. Research Journal of Textile and Apparel, 2009, 13(1)：11-23.

[54] Kim S C, Kang T J. Image analysis of standard pilling photographs using wavelet reconstruction [J]. Textile Research Journal, 2005, 75(12)：801-811.

[55] Gao W D, Wang S Y, Pan R R, et al. Automatic location of pills in woven fabric based on gabor filter [J]. Key Engineering Materials, 2011, 46(4)：745-748.

[56] Deng Z, Wang L, Wang X. An integrated method of feature extraction and objective evaluation of fabric pilling [J]. Journal of The Textile Institute, 2011, 102(1)：1-13.

[57] Yun S Y, Kim S, Chang K P. Development of an objective fabric pilling evaluation method. I. Characterization of pilling using image analysis [J]. Fibers and Polymers, 2013, 14(5)：832-837.

[58] Xu B G. Instrumental evaluation of fabric pilling [J]. Journal of The Textile Institute, 1997, 88(4)：488-500.

[59] 康雪娟，张赞赞. 基于SOM网络的织物起球客观评价[J]. 计算机与现代化，2013，6：100-103＋107.

［60］Tabasum S，Zuber M，Jamil T，et al. Antimicrobial and pilling evaluation of the modified cellulosic fabrics using polyurethane acrylate copolymers ［J］. International Journal of Biological Macromolecules，2013，56(5)：99-105.

［61］Pan R，Zhu B，Li Z，et al. A simulation method of plain fabric texture for image analysis ［J］. Industria Textila, 2015, 66(1)：28-31.

［62］Shakher C，Ishtiaque S M，Singsh S K，et al. Application of wavelet transform in characterization of fabric texture ［J］. The International Society for Optical Engineering，2010，95(1)：158-164.

［63］Song A，Han Y，Hu H，et al. A novel texture sensor for fabric texture measurement and classification ［J］. IEEE Transactions on Instrumentation & Measurement，2014，63(7)：1739-1747.

［64］Wang S W，Su T L. Application of wavelet transform and TOPSIS for recognizing fabric texture ［J］. Applied Mechanics & Materials，2014，56(2)：4668-4671.

［65］Zhang Y，Tong Y C，Yao J Z. Texture segmentation of jacquard fabric using wavelet-domain markov model ［J］. Advanced Materials Research，2012，46(1)：2720-2723.

［66］Li L Q，Huang X B. Realization of orthogonal wavelets adapted to fabric texture for defect detection ［J］. Journal of Donghua University(English Edition)，2002，19(4)：52-56.

［67］Ramgulam R B，Amirbayat J，Porat I. Measurement of fabric roughness by a non-contact method ［J］. Journal of The Textile Institute，1993，84(1)：99-106.

［68］程杰，陈利. 利用激光扫描点云的碳纤维织物表面三维模型重建 ［J］. 纺织学报，2016，37(4)：54-59.

［69］余十平，龙海如. 基于三维扫描技术检测针织物的起毛起球特征值 ［J］. 东华大学学报(自然科学版)，2013，39(1)：42-47.

［70］Ramgulam R B，Amirbayat J，Porat I. The objective assessment of fabric pilling. Part I：Methodology ［J］. Journal of The Textile Institute，1993，84(2)：221-226.

［71］Alagha M J. The objective assessment of fabric pilling. Part II：Experimental Work ［J］. Journal of The Textile Institute，1994，85(3)：397-401.

［72］Sirikasemlert A，Tao X，Sirikasemlert A. Objective evaluation of textural changes in knitted fabrics by laser triangulation［J］. Textile Research Journal，2000，70(12)：1076-1087.

［73］Kang T J，Cho D H，Kim S M. Objective evaluation of fabric pilling using stereovision［J］. Textile Research Journal，2004，74(11)：1013-1017.

［74］Kim S，Chang K P. Evaluation of fabric pilling using hybrid imaging methods［J］. Fibers and Polymers，2006，7(1)：57-61.

［75］Xu B G，Yu W，Wang R W. Stereovision for three-dimensional measurements of fabric pilling［J］. Textile Research Journal，2011，81(20)：2168-2179.

［76］Xu B G. Fabric pilling measurement using three-dimensional image［J］. Journal of Electronic Imaging，2013，22(4)：451-459.

［77］Yao M. Fabric wrinkling and pilling evaluation by stereovision and three-dimensional surface characterization［D］. The USA：The university of Texas at Austin，2011.

［78］Saharkhiz S，Abdorazaghi M. The performance of different clustering methods in the objective assessment of fabric pilling［J］. Journal of Engineered Fibers & Fabrics，2012，7(4)：35-41.

［79］陈霞. 基于切面投影图像的织物起球等级的计算机视觉评定［D］. 上海：东华大学，2003.

［80］陈霞，李立轻. 织物图像中起球特征值的提取与分析［J］. 东华大学学报（自然科学版），2008，34(1)：48-51.

［81］高卫东. 基于图像分析的织物起毛起球自动评级研究［D］. 上海：东华大学，2011.

第二章 织物起毛起球性能的自动评级系统

本章阐述了本书立意的核心算法:从聚焦位置获取深度信息(DFF)技术的原理以及利用 DFF 技术实现三维重建和测量的基本思路。搭建了起毛起球自动评级系统的硬件架构,介绍了显微镜系统的相关硬件和平台控制方法,介绍了照明设计部分的光源设备选择和照明方式。软件部分使用 Borland 公司的 C++Builder6.0 作为软件研发的平台。设计了单视野多焦面序列图像的采集方案和多视野扫描载物台行进方案。最后,显示了五个等级织物样本在显微镜下采集的多焦面图层。

2.1 DFF 原理

DFF 是一种可有效获取目标表面距离的方法。除了激光扫描仪,目前常用的获取三维点云的方法为双目视觉图像定位,该方法利用两部成像设备同时对同一图像目标进行获取,经目标点匹配后通过计算匹配点间的距离偏差,获取物体的三维几何信息。与双目立体视觉相比,DFF 的优点在于仅仅需要一个摄像头就能完成三维图像距离的采集,适合用于仅能使用一个摄像头的情况,如腹腔镜手术、全自动图像采集显微镜下等。DFF 采用的图像采集设备要求具有大光圈和浅景深。

DFF 技术最早的研究是用于代替钻石尖笔在工业质量控制中检测深度[4],这能避免探针与物体表面接触造成的划痕和损伤,之后该技术被广泛应用于更多的研究。它的基本思想:由于摄像头的景深有限,采集图像的清晰程度随物体距离摄像头的远近而变化,当物体处于最佳聚焦平面时,采集的图像最清晰。图 2-1 为物体聚焦示意图,图中 f 为镜头的焦距,p 为目标的聚焦位置。

一般而言,采集摄像头都有景深范围。在摄像头的景深内,目标都能显示

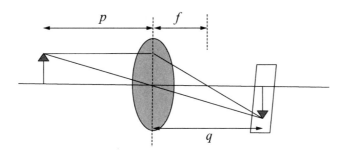

图 2-1　物体聚焦示意图

清晰。景深范围较大时,不同距离的目标都能清晰地显示在图像中;若相机的景深范围非常窄,那么观察点只有距相机特定距离时才会完美聚焦。因此,要利用 DFF 方法实现距离获取,需要使用有限景深的成像设备。

同一物体上不同深度的区域,最佳聚焦位置也各异,因此可以用该位置处摄像头到目标之间的距离代表各表面点的深度值,物体各个表面点的最佳聚焦位置之间的差值也就是表面点的深度差。对于多深度目标,单一聚焦平面下采集的图像上,部分区域清晰,部分区域模糊,呈多焦面现象。利用 DFF 原理实现三维构建和测量的基本方法如图 2-2 所示。

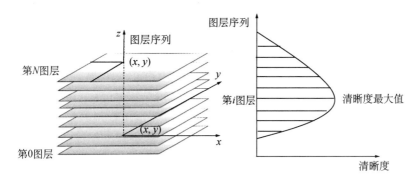

图 2-2　利用 DFF 实现三维构建原理示意图

（1）对同一视野,在不同聚焦平面下采集到 0 到 N 共 $N+1$ 张图层,每幅图层都有聚焦清晰的区域和模糊区域。

（2）对于平面上某一位置(x, y),利用清晰度评估算子得到各图层上此位置的聚焦程度,找到聚焦程度最清晰的图层。

（3）由于摄像头的景深有限,各点只会在一张图层上完美聚焦,采集此图层时的聚焦位置即为该目标点到摄像头的几何距离,也就是目标点的深度。

图 2-3 是一组已起球织物的 DFF 深度重建示例。如图 2-3（a）所示,序列

图像可看作同一质量一组立体数据矩阵，z 轴方向对应着聚焦平面的变化。通过选取合适的清晰度评价指标，获得每个像素位置贯穿所有聚焦平面的清晰度，选择锐度最大的聚焦位置作为样点的三维几何距离。图 2-3（b）显示了图 2-3（a）对应的深度图像，中灰色表示目标像素距摄像头最远，深灰色表示距相机最近，中间用渐变色过渡。

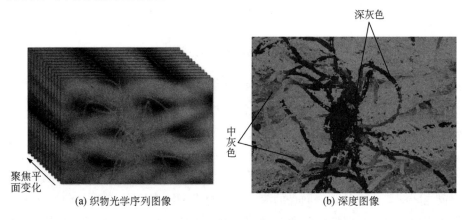

深灰色

中灰色

聚焦平面变化

(a) 织物光学序列图像　　　　　　　　(b) 深度图像

图 2-3　DFF 深度重建实例

DFF 方法实现的难点是清晰度的测量标准。目前，清晰度的评价算法有很多。最早提出 DFF 算法的 Ens 等[5]采用 Muller 等[6]提出的清晰度测量算法。Muller 等认为聚焦图像会呈现锐度矩阵极值，并提出采用锐度矩阵的算法测量清晰程度，共提出三种自动算法：梯度、Laplacian 和信号能量。Moeller 等[7]采用改进的 Laplacian 算子（MLAP）测量聚焦程度。Fleming[8]建立了围绕半平面中心的离焦曲线模型，它利用插值逼近方式寻找聚焦程度峰值。针对织物表面纹理复杂的具体情况，本书提出了基于梯度方差清晰度的评价算子（将在第三章详细阐述）。

2.2　织物起毛起球性能自动评级系统的整体架构

本书构建的检测系统由全自动显微镜、光源部分、CCD 图像采集设备和内置数字图像处理软件的 PC 机四个部分构成。采集多图层图像时，计算机控制载物平台沿着 z 轴以一定步长移动。由放置在显微镜上的 CCD 摄像机采集图像，同时将图层数据通过串口传输至计算机，由图像处理软件实时处理收集的图像数据。采集并处理完一个视野后，计算机控制载物平台沿 x 轴或 y 轴方向移动至下一个视野，继续多焦面图层的采集。

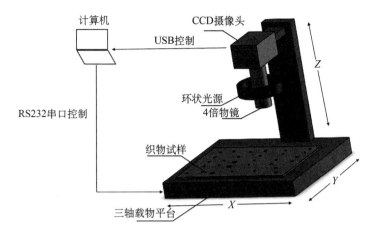

图 2-4 织物起毛起球检测系统硬件框架

2.2.1 全自动显微镜

系统采用 M318 北昂全自动显微镜。显微镜配有电机制动三轴载物台（MC200，BEION），平台尺寸为 180 mm×150 mm，移动范围为 75 mm×50 mm。三轴载物台通过 RS-232 串口接入计算机，根据 BEION-XYZL-XD 平台协议编写控制电机移动代码控制载物台平面移动（x、y 轴）和聚焦（z 轴）。显微镜自带亮度可调卤素灯 12 V/20 W。起毛起球织物上的绒毛在 4 倍物镜下即能显示清楚，因此采用显微镜配置的最小物镜即 4 倍物镜。

2.2.2 照明设备

照明光源对织物视觉检测系统有至关重要的影响[9-11]。照明设备主要有白炽灯、荧光灯和 LED 灯[12]。

（1）白炽灯

白炽灯是将灯丝通电加热到白炽状态，利用热辐射发出可见光的点光源。白炽灯主要由玻壳、灯丝、导线、感柱、灯头等组成。白炽灯的优点是便宜，通用性好。白炽灯的色光最接近太阳的，显色性好，光谱均匀。缺点是能耗高，寿命短。白炽灯消耗的电能只有约 2% 可转化为光能，其余都以热能的形式消散。卤素灯是白炽灯的一个变种，其灯泡内注入了碘或溴等卤素气体。在高温下，钨丝升华，并与灯泡内的卤素气体发生化学作用，钨冷却后重新凝固，在灯丝上沉淀下来，形成循环。与白炽灯比较，卤素灯的寿命更长。卤素灯一般用于需要光线集中照射的地方。

（2）荧光灯

传统荧光灯即低压汞灯，是利用荧光产生可见光的照明设备。水银蒸汽通电后产生可见光。通过气体通电所产生的电流刺激水银蒸汽释放短波紫外线，从而使灯管内涂层的磷光体发光。荧光灯的优点有光视效率高、节能，缺点是灯管频繁闪烁、对人体有潜在危害、能效容易受温度影响等。

（3）LED 灯

LED 是发光二极管的简称，由含镓、砷、磷、氮等化合物制成。当作用于足够的电压时，电子会结合设备内的电子空穴以光子的形式释放能量，这种效应称为电致发光效应。LED 灯的色光是由半导体的能量带隙决定的，颜色覆盖了整个可见光谱范围。LED 的优点在于其体积非常小、非常轻、电压低、使用寿命长、亮度高和热量低及环保，在计算机视觉领域中的应用非常多。常用的 LED 灯主要有条形光源灯、同轴光源灯、均匀背光灯、侧向光源灯。

计算机视觉的照明技术[13]主要有以下几类：

（1）前向照明技术

前向照明技术是将光源放在物体前方，通过物体正面对光线的反射实现对物体表面细节的清晰探照。它通常用于表面纹理的检查。

（2）背向照明技术

背向照明技术是将照明设备放置于物体后方，而相机放置于物体前方的照明方式。它通常用于观察透明物体的内部结构，所采集的图像背景高亮而目标黑暗，优点是能够突出边缘，缺点是无法观察目标的表面细节。

（3）结构光照明技术

结构光照明技术是将光线以一定的结构排列并投影到物体表面而采集图像的。结构光照明有圆周无影光源、多光源组合等。

计算机视觉领域的光源选择需要考虑两个方面，一是照明设备，二是照明角度。本系统采用的显微镜自带卤素光源，卤素光源主要提供背向照明，光源从下至上透过载玻片上的样本射入相机，这种光照技术适用于透光薄型织物，织物上的绒毛在背向光源的作用下显得更加突出，边缘更明显，这有利于图像处理时提取目标。

使用透光的薄型织物和不透光的厚型织物作为样本，图 2-5 和图 2-6 分别显示了在显微镜下采集的两种织物的图像。从图 2-5 可以看出，在背光条件下，薄型织物的绒毛突出，边缘锐化；而对于厚型织物（图 2-6），由于织物不透光，织物表面亮度都较低，绒毛和织物表面的差异不明显，采集的图像效果不佳。因此，背光光源有一定的可行性，然而它不普遍适用于各种类型的织物。

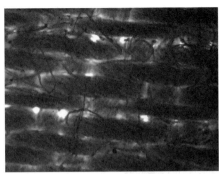

(a)织物表面的聚焦图层　　　　　　　　(b)部分绒毛的聚焦图层

图 2-5　薄型织物显微图像

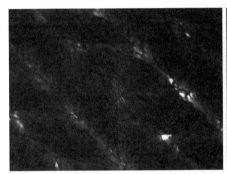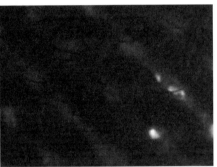

(a)织物表面的聚焦图层　　　　　　　　(b)部分绒毛的聚焦图层

图 2-6　厚型织物显微图像

因此,本书设计了前向照明设备来实现厚型织物的图像采集,针对显微镜硬件平台的特殊要求,选用环形光源。环状灯通过螺丝固定在物镜上,在织物上方提供均匀的光源。背光光源和环形光源的基本硬件装置如图 2-7 所示。

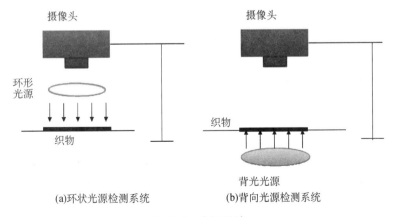

(a)环状光源检测系统　　　　　　　(b)背向光源检测系统

图 2-7　光源设计

图 2-8　环形光源

本书选择 OPT 公司的 RI 系列 LED 环形光源作为照明设备。环形光源的内径为 3 cm，外径为 6 cm，能进行亮度调节。

采用环形光源照明技术采集的厚型织物图像如图 2-9 所示，可以看到，在前向照明的条件下，织物表面和绒毛都能清楚地观察到。

(a)织物表面的聚焦图层　　　　　　　(b)部分绒毛的聚焦图层

图 2-9　环形光源前向照明下的厚型织物图像

2.2.3　CCD 图像采集设备

数码相机的芯片分为电荷耦合器件（CCD）和互补金属氧化物半导体（CMOS）两种。CMOS 与 CCD 相比，功耗低，设备尺寸小，但图像质量与系统灵活性较差，适用于小尺寸的相机模块，如条形码扫描机、保安用微型相机等。CCD 在要求高分辨率、高灵敏度的领域应用广泛，如用于航天拍摄的高清晰度全景相机等[14]。表 2-1 列出了 CCD 和 CMOS 的特点。

表 2-1 CCD 和 CMOS 的特点

CCD	CMOS
像素尺寸小	单一内部电压供电
噪声低	单一主控时钟
暗电流低	低功效
灵敏度高	X-Y 寻址可任意开子窗口
全帧转移结构占空比近 100%	系统尺寸小
具有自然的电子快门功能	相机电路易于全集成(单芯片相机)
技术与市场成熟	相对低价

CCD 和 CMOS 都利用硅感光二极体进行光线变换。比较两者的不同：CCD 图像传感器将光子通过像素转换成电子电荷包,然后将电子电荷包依次转移至缓冲器,集合至单一放大器放大后,引导输出至芯片外的信号处理系统；CMOS 图像传感器将光子转化为电子后,每个像素由各自的放大器放大,完成由电子电荷到电压的转换,最终统一整合输出信号。由于 CMOS 中的每个像素都有专门的放大通道,因此 CMOS 中的微小变化和缺陷会导致放大器的错位,最终造成缺陷积累。这使得 CDD 采集的图像质量、保真性和相应均匀性均优于 CMOS[15-17]。考虑到此因素,本书采用 CCD 图像传感器芯片的摄像头,选择的是 BEION 公司的 C200 数码摄像头,摄像头通过 USB 串口接入计算机。

2.2.4 软件系统

（1）软件开发环境

软件开发采用 Borland 公司的 C++ Builder 6.0 作为语言工具。C++ Builder(BCB)是 Borland 公司推出的一款可视化开发工具,它具有快速可视化的优点。C++builder 的集成开发环境(IDE)提供了控件板、集成编辑器、可视化窗体设计、对象观察板和工程管理器等可视化快速应用程序开发(RAD)工具。与微软的 Visual C++相比,BCB 只需将控件拖至窗体上,设置外观和定义属性后,就能快速实现程序界面的开发。同时,BCB 能够编译所有符合 ANSI/ISO 标准的源代码,支持 ANSI C++/C 语言特征,并支持 STL,可以使用标准 C++库。也就是说,C++ Builder 允许程序员直接调用所有的 windows 和 NT API 函数。

（2）软件系统设计

图像处理软件系统包括几个功能,如平台的自动化控制、序列图像采集、图像预处理、深度图像重建、绒毛和织物表面的分割,以及特征参数提取和自动分级。软件系统利用多线程技术,一个线程控制平台移动,一个线程实现图像采集和算法,实现了各模块的协同工作。序列图像的采集通过调用 C200 图像采集卡的软件开发工具包（SDK）中的 API 函数实现。平台自动化控制中,根据 BEION-XYZL-XD 平台协议,通过 RS-232 控制三轴电机的精准位移。

2.3　图像采集参数设定

2.3.1　显微图像固有参数的测量

（1）像素尺寸测量

在图像中计算 A、B 两条直线之间的像素距离,与千分尺实际长度 1 mm 相除,得到每个像素尺寸（图 2-10）。经过 10 次测量,得到像素实际尺寸为 2.16 μm。

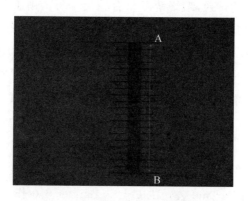

图 2-10　4 倍物镜下千分尺图像

（2）x 轴方向单步长值测量

以千分尺为基准目标,首先在显微镜下采集千分尺在某一位置的图像,如图 2-11（a）；控制载物平台沿 x 轴方向移动 100 步长后,再次采集千分尺图像,如图 2-11（b）。首先,计算图 2-11（a）中千分尺左侧点 a 的 x 轴坐标 X_a。然后,计算图 2-11(b)中对应点 a' 的 x 轴坐标 $X_{a'}$。平台沿 x 轴方向移动单步长对应的像素值计算如下:

$$step\_x = \frac{X_{a'} - X_a}{100} \tag{2-1}$$

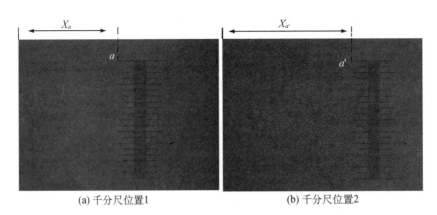

(a) 千分尺位置1　　　　　　　　　　(b) 千分尺位置2

图 2-11　x 轴方向单步长值测量

经过 10 次测量,得到 x 轴方向载物平台移动的单步长为 1.15 像素。

(3) y 轴方向单步长值测量

同样以千分尺为基准目标,首先在显微镜下采集位置 3 的千分尺图像,如图 2-12 (a);控制载物平台沿 y 轴方向移动 100 步长后,再次采集处于位置 4 的千分尺图像,如图 2-12 (b)。首先计算千分尺上侧点 b 的坐标 Y_b,然后计算处于位置 4 的千分尺对应点 b' 的 y 轴坐标 $Y_{b'}$,两者之差即为载物平台沿 y 轴方向移动的单步长:

$$step\_y = \frac{Y_{b'} - Y_b}{100} \tag{2-2}$$

重复测量 10 次,得到 y 轴方向载物平台移动的单步长为 0.48 像素。

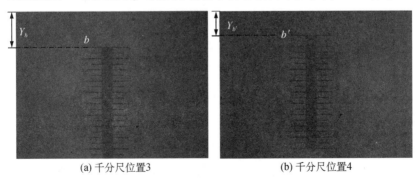

(a) 千分尺位置3　　　　　　　　　　(b) 千分尺位置4

图 2-12　y 轴方向单步长值测量

（4）z 轴方向单步长值测量

载物平台在 z 轴方向移动的作用是聚焦。z 轴方向是物体的深度方向。因此对于 z 轴方向步长值的测量，不能简单地依据物体在图像中的位移来实现。本书设计的测量方法：首先将千分尺标有刻度的一面朝上放置，控制载物平台沿 z 轴方向移动到最佳聚焦位置，记录此时的 z 轴坐标为 Z_1；然后，将千分尺标有刻度的一面向下放置，继续移动载物平台至最佳聚焦位置，记录此时的 z 轴坐标为 Z_2。在整个过程中，载物平台移动的距离为千分尺的厚度 d（μm）。因此，不同于 x 轴和 y 轴方向，z 轴方向的单步长的单位是 μm。

$$step\_z = \frac{d}{Z_2 - Z_1} \qquad (2\text{-}3)$$

经过 10 次测量，得到 z 轴方向载物平台移动的单步长距离为 0.15 μm。

（5）物镜景深测量

对于三维物体成像，目标处于镜头聚焦点时呈最清晰影像。事实上，在对焦点前后，影像仍有一段清晰范围，这段获得清晰影像的空间深度称为景深。图 2-13 中，O 点所在平面称为最佳聚焦平面，O_1 所在平面称为远景面（它是物体能清晰成像的最远平面），远景面到最佳聚焦平面之间的直线距离称为后景深，O_2 所在平面是物体清晰成像的最近平面，称为近景面，近景面到最佳聚焦平面的直线距离称为前景深。景深就等于前景深与后景深之和。一般来说，后景深通常大于前景深[18]。

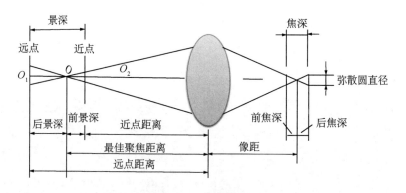

图 2-13　景深原理

景深是显微镜系统的重要技术参数。在本书中，物镜的景深关系到图层采集距离。显微镜的物镜景深通常分为几何景深和物理景深，两者相加即为景深。

与景深对应的是焦深,它定义为影像清晰的空间深度。当物体位于最佳聚焦平面之前或之后时,在接收器上采集的图像就不是点,而是弥散圆(图2-13)。当弥散圆直径小于接收器的极限分辨距离时,采集的图像仍然清晰。当弥散圆直径等于极限分辨距离时,物体与最佳聚焦平面的距离定义为几何景深 d_g,其计算公式如下:

$$d_g = \frac{ne}{M \times NA} \tag{2-4}$$

其中:n 为试样与物镜之间的空间折射率;e 为探测器的极限分辨距离;M 为显微镜的横向放大率;NA 为物镜的孔径。

在显微镜系统中,由于存在衍射效应,因此点状物体经透镜成像并不形成点状影像,而是呈三维的光强分布。光强在与光轴垂直的像平面上的分布是一个贝塞尔函数,中心亮斑被称作艾里斑,光强沿着光轴方向的分布是一个 sinc 函数。当接收器沿着光轴方向移动时,显然光强在接收器上的分布是不同的。通常认为当光强变化小于20％时,变化难以分辨,此时物体与最佳聚集平面的距离定义为物理景深[19],其计算公式如下:

$$d_p = \frac{n\lambda}{NA^2} \tag{2-5}$$

其中:λ 为光波的波长。

显微镜系统的总景深是几何景深与物理景深之和,其计算公式如下:

$$d_{tot} = d_g + d_p = \frac{ne}{M \times NA} + \frac{n\lambda}{NA^2} \tag{2-6}$$

对于本书使用的显微系统,空气介质 $n = 1$,$\lambda = 0.55\ \mu m$,4 倍物镜 $NA = 0.25$,选择单位像素的尺寸作为探测器的最小分辨距离:$e = 2.16\ \mu m$。

通过直接测量显示器上的千分尺长度,与微尺的实际长度比较,得到显微镜的实际放大倍数 M。经过 10 次测量,求平均值,得到 $M = 143.5$。

将参数代入式(2-6),计算得到显微系统总景深 $d_{tot} = 8.86\ \mu m$。

2.3.2　图像采集参数的计算

(1) x 轴方向移动步长

采集一个视野的序列多焦面图层之后,摄像头平移到下一个视野开始采集。为了视野之间顺利拼接,平台沿 x 轴移动的步长应该等于一个视野的宽度。摄像头采集图像大小为 800 像素×600 像素。根据上文的测量数据,800

像素对应的平台移动距离为 670 个步长。

（2）y 轴方向移动步长

采集图像高度为 600 像素。根据上文 y 轴步长与像素的转换关系，600 像素对应的平台移动距离为 1 250 个步长。

（3）z 轴方向移动步长

为了保证贯穿物体深度的所有目标点都能找到聚焦清晰的图层，最精确的算法是 z 轴方向移动步长等于显微系统的景深。根据显微镜的景深，以及 z 轴方向步长与实际距离的转换关系，换算出步长值为 59，求整后相邻图层之间的移动步长设定为 60。

（4）采集序列多焦面图层数量

采集的序列多焦面图层需保证覆盖所有绒毛和织物表面的深度信息，同时，由于图像采集序列图层后，图像处理软件需要对所有图层进行预处理、边缘检测、计算清晰度等多项操作，过量的图层会导致信息冗余并且算法执行速度减慢。在图像采集之前，将织物放置于显微镜下，通过控制载物平台在 z 轴的移动，观察织物表层绒毛的覆盖深度。织物毛球大小一般为 300 μm，而显微系统的景深为 8.86 μm，理论采集的图层数量为 34 层，而实际上 34 层无法达到理论效果，通过对多种试样的实验观察，最终选择 61 幅图像作为采集的序列图层。考虑到系统在实际使用过程中会出现绒毛和毛球较高的情况，61 幅图层可能无法覆盖织物表面全部深度，因此系统中可手动设置不同的采集频率。对本书所有的织物试样采集均选择 61 幅图层。

（5）自动显微镜平台采集方式

BEION M318 全自动显微镜平台系统为步进电机的驱动，采用齿轮齿条传动模式。这种传动方式的缺陷是，由于齿轮齿条之间存在间隙，因此会产生回程误差。也就是说，当载物平台向右移动 N 个步长后，再向左回移 N 个步长时，载物台的位置与其初始位置有一定偏差。本书中的织物图像检测区域是由若干个视野拼接而成的。多视野的采集方式通常采用 Z 字形扫描：从采集原点开始，沿 x 轴方向以固定步长移动并采集图像，走完设定的长度后沿 y 轴下移固定步长，之后沿 x 轴的反方向移动至采集原点下方，不断循环，直至所有图像采集完毕。在图像采集过程中换行后，由于下一行平台沿着反方向移动，回程误差会使图像之间产生过大的列方向错位，对最终的拼接效果产生很大的影响。

为此，本书对传统的 Z 字形扫描方式进行优化，消除换行时由于回程误差产生的图像错位。扫描路径如图 2-14 所示。

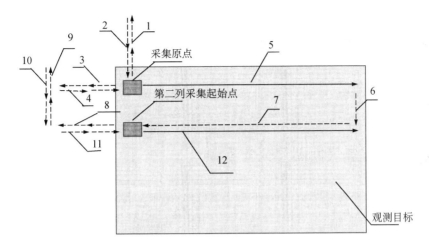

图 2-14 多视野扫描路径

图 2-14 中,箭头表示的方向是以载物平台为参照物,物镜相对于载物平台的行进方向。虚线表示的行进路径是为消除回程误差而设计的,物镜沿虚线扫描时不采集图像,沿实线行进时以固定步长采集图像。图 2-14 中还标出了各行进路径的顺序。假设平台沿 x 轴移动的固定步长为 T_x,沿 y 轴移动的固定步长为 T_Y,x 轴向右为正方向,y 轴向上为正方向,具体行进路径如下:

第一步:平台由机械原点移动至采集原点。

第二步:由采集原点开始,沿 y 轴正方向以 T_Y 为步长行进两步(路线 1)。

第二步:沿 y 轴反方向以 T_Y 为步长行进两步(路线 2)回到采集原点。

第三步:沿 x 轴反方向以 T_x 为步长行进两步(路线 3)。

第四步:沿 x 轴正方向以 T_x 为步长移动两步(路线 4)回到采集原点,并采集图像。

第五步:沿 x 轴正方向以固定步长 T_x 行进并采集图像(路线 5),直至采集完设定的视野数。

第六步:沿 y 轴反方向以 T_Y 为步长行进一步(路线 6),移动至第二列。

第七步:沿 x 轴反方向行进(路线 7)至采集原点正下方。

第八步:沿 x 轴反方向以 T_x 为步长行进两步(路线 8)。

第九步:沿 y 轴正方向以 T_Y 为步长行进两步(路线 9)。

第十步:沿 y 轴反方向以 T_Y 为步长行进两步(路线 10)。

第十一步:沿 x 轴正方向以 T_x 为步长行进两步(路线 11),并采集图像。

第十二步:沿 x 轴正方向以固定步长 T_x 行进并采集图像(路线 12),直至采集完设定的视野数。

重复以上步骤,直至设定的所有视野采集完毕。采集每一行的视野时,平台都以固定步长朝着同一方向前进。镜头皆以相同的方向进入每一行的初始视野,且采集每一行的初始视野前,载物平台在 x 轴和 y 轴上都通过往复运动尽可能消除回程误差。采用这种行进方式能将齿轮齿条产生的回程误差的影响降到最小。

2.4 序列多焦面图层采集实例

调节物镜与载物平台的距离,首先对显微镜下的视野聚焦,然后移动载物平台,采集聚焦平面上下各 30 层的图像,共 61 幅图层。在本书中,以不同色纱的棉纤维机织物和针织物为研究对象,针织物纵密在 60~80 线圈/(5 cm),横密为 70~90 线圈/(5 cm);机织物经密为 115~145 根/(5 cm),纬密为 150~180 根/(5 cm)。图 2-15 为从五个织物样本采集的部分源图层。图像大小为 800 像素×600 像素。这五个织物样本命名为 Sample 1、Sample 2、Sample 3、Sample 4、Sample 5。在后续的算法研究中,皆采用此五个织物样本为实例。

从图 2-15 可以看出,经显微镜放大后,采集图像中绒毛成像清晰。由于毛球实际是由绒毛集聚缠绕而成的,本书中对绒毛和毛球的算法研究,包括绒毛和毛球的深度重建、绒毛和毛球的分割等,均为绒毛层面,因此下文皆用绒毛来代替绒毛和毛球。

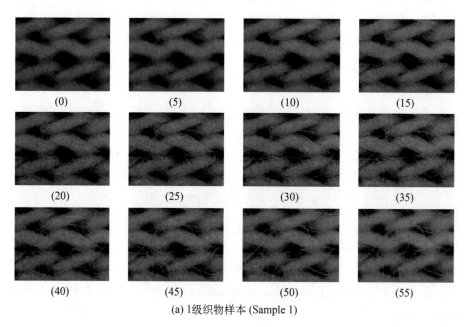

(0)　　　　(5)　　　　(10)　　　　(15)

(20)　　　　(25)　　　　(30)　　　　(35)

(40)　　　　(45)　　　　(50)　　　　(55)

(a) 1级织物样本 (Sample 1)

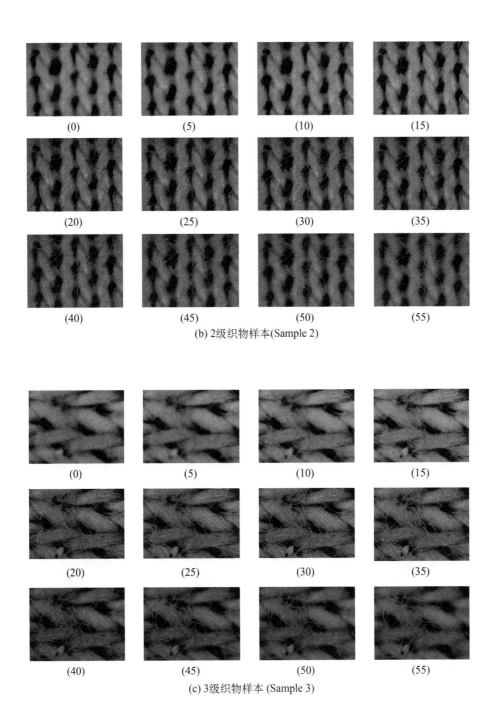

(0)　　　　　　(5)　　　　　　(10)　　　　　　(15)

(20)　　　　　　(25)　　　　　　(30)　　　　　　(35)

(40)　　　　　　(45)　　　　　　(50)　　　　　　(55)

(b) 2级织物样本(Sample 2)

(0)　　　　　　(5)　　　　　　(10)　　　　　　(15)

(20)　　　　　　(25)　　　　　　(30)　　　　　　(35)

(40)　　　　　　(45)　　　　　　(50)　　　　　　(55)

(c) 3级织物样本 (Sample 3)

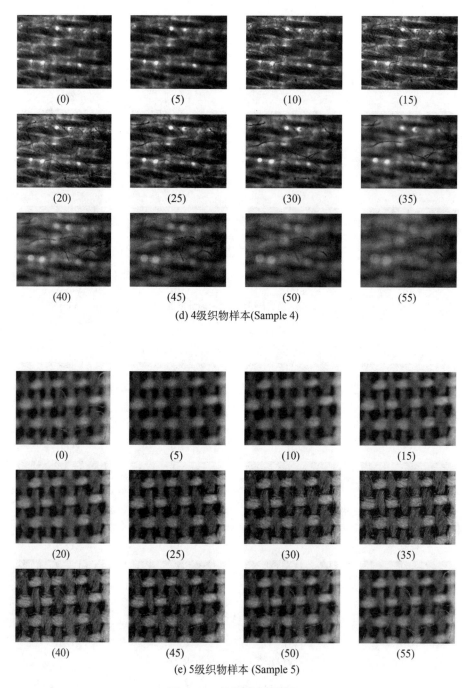

(0)　　　　　(5)　　　　　(10)　　　　　(15)

(20)　　　　　(25)　　　　　(30)　　　　　(35)

(40)　　　　　(45)　　　　　(50)　　　　　(55)

(d) 4级织物样本(Sample 4)

(0)　　　　　(5)　　　　　(10)　　　　　(15)

(20)　　　　　(25)　　　　　(30)　　　　　(35)

(40)　　　　　(45)　　　　　(50)　　　　　(55)

(e) 5级织物样本 (Sample 5)

图 2-15　织物样本源图层

2.5 小结

本章介绍了 DFF 方法的原理和实现步骤,并描述了织物起毛起球实时检测系统的整体构架方案。

(1) DFF 的原理是采集图像的清晰度随物体离摄像机距离而变化,当物体与摄像机的距离等于聚焦距离时,成像最清晰,因此可以根据图像清晰度逆推出物体与摄像机的距离。DFF 的优点在于只需要一个摄像头就能完成三维图像的采集,同时要求摄像头的景深范围窄。本书采用的图像采集装置为光学显微镜,受物镜限制只能使用一个摄像头,且由于放大倍数较大,显微镜的景深非常有限,因此适合采用 DFF 技术在显微镜下通过聚焦获得织物表层的三维深度信息。具体方法:在不同聚焦平面下采集同一视野的多图层图像,由于摄像头的景深有限,平面上各点只能在一幅图层上完美聚焦,采集该图层时的聚焦距离即为目标点到摄像头的几何距离,也就是深度。

(2) 选择北昂公司的 BEION M313 自动显微镜作为图像采集设备,根据 BEION-XYZL-XD 平台协议,计算机通过 RS-232 串口控制三轴载物平台移动(沿 x、y 轴)和聚焦(沿 z 轴)。通过观察发现显微镜配置的背光照明无法满足不透光织物光照要求。通过比较各类照明设备及其照明角度,选择了 LED 环形光源作为前向光源设备。环形光源由螺丝固定在物镜上,在织物上方提供均匀的光照。通过比较 CCD 和 CMOS 各自的特点,选择 BEION 公司 CCD 芯片的 C200 数码摄像头,它通过 USB 串口将图像数据输入计算机。在软件系统的设计上,使用 Borland 公司的 C++Builder 6.0 作为软件研发的平台。

(3) 为了保证采集的图层贯穿织物表层绒毛深度,且处于各个深度的点都能找到清晰聚焦的图层,图层间距离应等于显微系统的景深。由于单视野实际面积较小,检测一块织物时需要采集和处理多个视野。通过测量获得 x 轴、y 轴和 z 轴的单步长及显微系统的景深。由此确定图像采集模块的各类参数:序列图层之间的距离、多图层采集时平台沿 z 轴方向移动步长、序列图像层数,以及多视野扫描时平台沿 x 轴、y 轴方向移动的步长。

(4) 步进电机的齿轮齿条之间存在间隙,这会导致回程误差,因此对传统的 Z 字形扫描方式进行优化,设计了能够消除回程误差的多视野扫描行进方案:在采集每一行视野前,通过往复运动消除回程误差,并保证载物平台每次进入视野的 x 轴、y 轴方向一致。

参考文献

[1] Asada N，Fujiwara H，Matsumaya T. Edge and depth from focus [J]. International Journal of Computer Vision，1998，26(2)：153-163.

[2] Bove V M. Entropy-based depth from focus [J]. Journal of The Optical Society of America A，1993，10(4)：561-566.

[3] Darrell T，Wohn K. Pyramid based depth from focus [C]. Proceedings of Conference on Computer Vision and Pattern Recognition，1988.

[4] Grossmann P. Depth from focus [J]. Pattern Recognition Letters，1987，5(1)：63-69.

[5] Ens J，Lawrence P. An investigation of methods for determining depth from focus [J]. IEEE Transactions on Pattern Analysis & Machine Intelligence，1993，15(2)：97-108.

[6] Muller R A，Buffington A. Real-time correction of atmospherically degraded telescope images through image sharpening [J]. Journal of The Optical Society of America，1974，64(9)：1200-1210.

[7] Moeller M，Benning M，Schoenlieb C B，et al. Variational depth from focus reconstruction [J]. IEEE Transactions on Image Processing：a Publication of the IEEE Signal Processing Society，2015，24(12)：5369-5378.

[8] Fleming J W. A real-time three dimensional profiling depth from focus method [J]. Massachusetts Institute of Technology，1994，39（6）：191-197.

[9] 闫枫，吴斌. 视觉检测系统中的光源照明方法 [J]. 兵工自动化，2006，25（1）：85-86.

[10] 唐向阳，张勇，李江有，等. 机器视觉关键技术的现状及应用展望[J]. 昆明理工大学学报(理工版)，2004，29(2)：36-39.

[11] 陈志特. 机器视觉照明光源技术要点分析[J]. 河南科技，2014(2)：63-67.

[12] 浦昭邦，屈玉福，王亚爱. 视觉检测系统中照明光源的研究 [J]. 仪器仪表学报，2003，24(2)：438-943.

[13] 尹中信，王全良. 机器视觉系统中的照明优化设计 [J]. 微计算机信息，2010，26(7)：129-131.

[14] Magnan P. Detection of visible photons in CCD and CMOS：A comparative view [J]. Nuclear Instruments & Methods in Physics Research，

2003，504(1-3)：199-212.

[15] Mullen S. CCD and CMOS [J]. Broadcast Engineering，2008，26(5)：79-83.

[16] Fossum E R，Hondongwa D B. A Review of the pinned photodiode for CCD and CMOS image sensors [J]. IEEE Journal of The Electron Devices Society，2014，2(3)：33-43.

[17] 张勇. CMOS 与 CCD 的灵敏度比较 [J]. 中国公共安全(学术版)，2015(12)：82-84.

[18] Gupta P，Kahng A B，Park C H. Detailed placement for improved depth of focus and CD control [C]. The Sia and South Pacific Design Automation Conference，2005.

[19] 王清英. 景深公式的推导 [J]. 南阳师范学院学报，2003，2(3)：24-26.

第三章 基于序列多焦面图层的深度图像重建

采集到序列多焦面图层后,下一步的工作是重建每个平面位置的深度,并投射到灰度空间,建立深度图像。深度重建的主要思路是在序列图层中沿深度方向寻找每个平面位置的最佳聚焦点,以聚焦最清晰点所在的图层序列号为深度。清晰度是判断目标聚焦程度的依据。本章重点介绍序列图层的去噪方法和清晰度的评价方式:对五个等级的织物样本的序列图层进行预处理,探讨几种滤波方式的去噪效果;提出基于自适应区域选择的梯度方差清晰度评价方法;最后自制单根绒毛织物,对其进行深度图像重建,将本书提出的清晰度评价方法与几种具有代表性的经典清晰度评价方法进行对比。

3.1 序列多焦面图层预处理

显微镜采集图像过程中存在不同程度的干扰,例如光镜组合的折射和放大,这会导致采集的图像包含随机分布噪声。图像的噪声会影响后续的清晰度评价,从而降低获得的深度数据的准确性。因此,在重建图像深度之前,对采集的所有图层进行平滑处理,其作用是在尽量保持图像细节的前提下去除噪声。常用的图像平滑有均值滤波、高斯滤波和中值滤波等[1]。

3.1.1 均值滤波

均值滤波是将某一像素邻域灰度的均值代替其本身灰度的一种滤波方式,属于线性滤波。

图 3-1 所示为两个 3×3 的均值滤波模板,其中的数字代表响应位置像素点灰度值的权重。第一个滤波模板表示不带权重的均值滤波,即用模板内像素点灰度值的标准平均值代替本身灰度,按式(3-1)计算。

1	1	1
1	1	1
1	1	1

1	2	1
2	4	2
1	2	1

(a)　　　　　　　　　(b)

图 3-1　均值滤波模板

$$g(x,y)=\frac{1}{9}\sum_{s=-1}^{1}\sum_{t=-1}^{1}f(x+s,y+t) \tag{3-1}$$

其中：$g(x,y)$表示滤波后模板中心像素点的灰度值；$f(x+s,y+t)$表示 3×3 模板内对应像素的原始灰度值。

第二个滤波模板表示带权重的均值滤波，像素点灰度值的权重由点与模板中心的距离决定：距离模板中心越远，权重越小。给定滤波窗口大小为 $m\times n$（m 和 n 均为奇数），带权重的均值滤波通用公式如下：

$$g(x,y)=w(x,y)\oplus f(x,y)=\frac{\sum_{s=-a}^{a}\sum_{t=-b}^{b}w(s,t)f(x+s,y+t)}{\sum_{s=-a}^{a}\sum_{t=-b}^{b}w(s,t)}$$

$$\tag{3-2}$$

其中：$\oplus$为卷积标识符；$w(x,y)$为卷积模板；$f(x,y)$代表像素点原始灰度。

均值滤波速度快，实现过程简单。然而，均值滤波会降低边缘的锐度，导致边缘模糊。

3.2.2　高斯滤波

高斯滤波也是线性滤波的一种，事实上，它是一种加权均值滤波。高斯滤波对于抑制服从正态分布的噪声非常有效，其卷积模板由高斯函数离散化而来。二维高斯函数表达式如下：

$$g(x,y)=\frac{1}{2\pi\sigma^2}e^{-\frac{x^2+y^2}{2\sigma^2}} \tag{3-3}$$

式(3-3)所示函数具有各向同性的特点,同时其傅里叶变换仍然为高斯函数,因此高斯函数能够构成具有平滑性能的低通滤波器。对高斯函数离散化,以离散点上的高斯函数值作为图像卷积的权值。常见的高斯滤波模板窗口大小取 5×5,其模板窗口如图 3-2 所示。

1	4	7	4	1
4	16	26	16	4
7	26	41	26	7
4	16	26	16	4
1	4	7	4	1

图 3-2 高斯滤波模板

3.2.3 中值滤波

中值滤波是一种基于排序统计理论,能有效抑制噪声的非线性信号处理技术。在图像的二维形式下,中值滤波器的窗口大小为 $m \times n$(m 和 n 均为奇数),将模板中的数据从小到大排列,取排列在中间位置的数据代替模板中心像素点的灰度。中值滤波的优点在于滤波后的灰度值为其邻域像素数组的中间值,这是图像中已存在的灰度值,而不是通过数学运算得到的新的灰度值,因此中值滤波能够较好地保留原图像的边缘信息。通常,中值滤波要求窗口宽度的 1/2 大于噪声的宽度。二维中值滤波器的窗口形状和尺寸对滤波效果的影响很大:窗口尺寸增加,图像的模糊效果显著,能够去掉尺寸加大的噪点。中值滤波的窗口形状一般有方形、圆形、十字形和环形等,一般而言,对于变化缓慢且具有较长轮廓线物体的图像,可采用方形或圆形,而对于具有尖角物体的图像则采用十字窗口。在本书中,采用 3×3 的方形滤波窗口。中值滤波的公式如下:

$$g(x, y) = \underset{A}{Med}\big[f(i, j)\big] \qquad (3-4)$$

其中:A 表示滤波窗口;$f(i, j)$ 表示滤波窗口内的像素灰度。

3.2　基于自适应区域选择的梯度方差清晰度评价

清晰度评价方法是本节需要解决的核心问题。聚焦图像成像清晰,具有丰富的细节特征。目标在物镜焦点之外时,图像像素会扩散,进而像素互相重叠,造成图像边缘模糊。因此,图像像素的清晰度评价可以用于判断像素的聚焦程度。在显微镜下由机织物样本的不同聚焦平面采集的三幅图层分别如图 3-3 中(a)、(b)和(c)所示。标记区域内的绒毛在图层(a)上清晰成像,在图层(b)上能清楚观察到标记区域内的织物表面,在图层(c)上标记区域内的目标显示模糊。因此,方框区域内织物表面点的深度值可由图层(b)的聚焦位置获得,图层(a)的采集位置能取得绒毛点的深度值。图层(b)和图层(a)之间平台沿 z 轴移动的距离就是绒毛目标和织物表面的深度差。

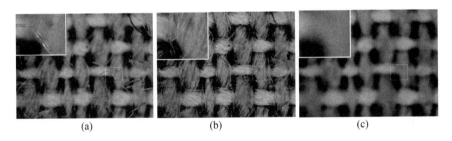

图 3-3　从不同聚焦平面采集的图层

3.2.1　典型图像清晰度评价

常用的清晰度评价方法有基于差分的梯度函数、基于区域划分的信息熵和灰度方差[2]等。

(1) 梯度函数(GF)

梯度函数利用相邻像素点的差分来计算像素梯度。对于灰度图像 $f(x, y)$,其梯度函数的定义如下:

$$S_{\mathrm{GF}} = \sqrt{(G_x(x, y) + G_y(x, y))^2} \tag{3-5}$$

其中:$G_x(x, y)$ 和 $G_y(x, y)$ 表示像素点在 x 轴方向和 y 轴方向的梯度。

在这里,像素点梯度用 Sobel 算子表示,其算式如下:

$$G_x(x, y) = f(x, y) \oplus w_x(x, y) \tag{3-6}$$

$$G_y(x, y) = f(x, y) \oplus w_y(x, y) \tag{3-7}$$

其中:x 轴方向梯度和 y 轴方向梯度的卷积模板分别如图 3-4(a)、(b)所示:

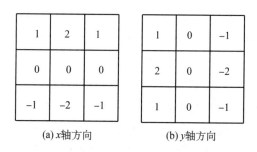

(a)x轴方向　　　　　　(b)y轴方向

图 3-4　Sobel 算子模板

梯度算法的优点是计算简单,速度快。在梯度算法中,边缘越突出,图像越清晰。然而,基于邻域的梯度函数主要采用相邻像素点的差分作为清晰度评价标准,参与清晰度测量的像素点最多为九个点,这使得算法稳定性差及抗噪点能力弱。

(2) 区域信息熵

信息熵用来衡量随机变量出现的期望值。一个变量的信息熵越大,那么它可能出现的概率越大,其包含的信息越多,描述这个变量需要耗费的计算资源也更多。熵衡量的是物体的复杂度。

图像的熵表示为图像灰度集合的比特平均值,单位为"比特/像素",描述了图像的平均信息量。对于离散形式的二维图像,采用二维信息熵来表达。一般来说,图像的熵越大,说明图像包含的信息量越大,图像细节越丰富。因此,图像的熵可以作为判断图像清晰程度的一个准则。

对于一个 $M \times N$ 的窗口,选择图像的邻域灰度均值作为灰度分布的空间特征量,其与图像的灰度组成特征二元组,记为(i, j),其中 i 表示像素的灰度值($i = 0, 1, \cdots, 255$),j 表示邻域灰度均值($j = 0, 1, \cdots, 255$),则:

$$P_{ij} = p(i, j) / (MN)^2 \tag{3-8}$$

其中:$p(i, j)$ 为特征二元组(i, j)出现的频率;MN 为检测区域的尺度。

式(3-8)能反映某像素点的灰度值与其周围像素点灰度分布的综合特征。根据 P_{ij},离散的二维图像的熵可以定义为:

$$S_{Entropy} = -\sum_{i=0}^{255}\sum_{j=0}^{255} P_{ij}\log(P_{ij}) \qquad (3\text{-}9)$$

（3）区域灰度方差

图像的灰度方差是衡量区域清晰度的另一个常用指标。对于一幅对焦图像,理论上区域内应该有复杂的灰度变化,因此区域的聚焦程度可以用灰度的离散程度衡量。

$$S_{var} = \frac{1}{M \times N}\sum_x\sum_y \left[f(x,\ y) - \mu \right]^2 \qquad (3\text{-}10)$$

其中:$M \times N$ 为清晰度检测窗口;$f(x,\ y)$为图像灰度;μ 为区域内的灰度均值。

基于局部区域的清晰度评价函数将图像划分为固定大小的若干窗口,计算区域内清晰值,将清晰值赋予区域内的所有像素点。这能在一定程度上保证算法的稳定性和抗噪能力。然而,固定区域的划分会跨越多个目标,容易造成清晰度误判。

3.2.2　基于自适应区域的梯度方差清晰度评价原理

一个完整物体的深度变化一定是连续的,不存在跳跃性。从微分和离散的观点来看,对于足够小的片段,片段上的像素点深度是相似的。因此,像素点具有深度连通性:若一个像素点清晰聚焦,那么在较小的局部区域内,其周围的点也聚焦;若像素点处于离焦的图层,其周围区域内的像素点也是离焦模糊的。像素点的清晰程度是由目标像素和其周围像素共同决定的,当评价一个像素点的清晰度时,需要将其周围的像素点考虑进去。图 3-5 中（a_1）～（a_3）为同一个视野采集的三幅图层,显示了标记区域的绒毛在不同聚焦位置的光学形态,其中（a_2）为绒毛在聚焦位置采集的图像,（a_1）和（a_3）显示了绒毛在离焦位置的形态,左上角为方框标志区域的放大图。图 3-5 中（b_1）～（b_3）为方框标志区域放大至像素级别的图像。从 a 系列的左上角放大图像可以看出,当绒毛处于聚焦位置的时候,局部区域内的像素点均是清晰的。从 b 系列的像素级图像可以看出,清晰区域（b_2）内的像素点变化剧烈,像素点的梯度和灰度差异较大,而模糊区域[（b_1）、（b_3）]内的像素点变化较平缓。

在以往的算法中[3],都以像素点的梯度为判定标准来评价多焦面图像中像素点的清晰程度,然而这种评价方法只考虑到目标像素与其邻域对清晰度的影响,过少的像素点会增加清晰度判断的随机性,并且容易受到噪点的干扰。

图 3-5 右侧的 b 系列像素图显示,在聚焦图层（b_2）中,仍然存在梯度很低的像素点。如图 3-5（b_2）中,中心圆点标记的目标像素点,其周围圆点为四邻域像素,可以看出,五个点之间的灰度差异较小,因此梯度较小。反观图 3-5 中（b_1）和（b_3）的中心标记点,虽然它们处于离焦位置,然而梯度值比较大。因此,判断像素点的清晰度不应该只考虑其与邻域像素的联系,而应扩大至包含一定量的像素点的区域。

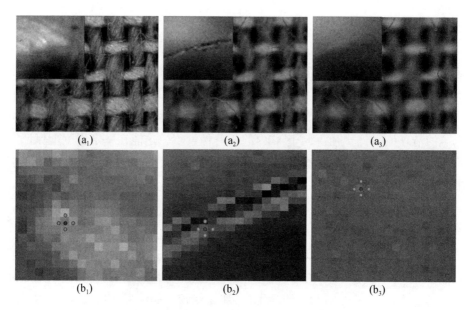

图 3-5　像素点清晰程度与周围像素的关系

由此可以得出两点结论:

（1）目标上的局部小区域内像素点深度相似,计算清晰度时可选取以目标像素点为中心的局部区域,建立评价公式来量化像素点的清晰度,而基于邻域点的清晰度评价容易受到噪点干扰,因此局部区域大小的选择非常重要。

（2）成像清晰区域包含的像素变化较剧烈,边缘信息丰富,可利用这一特性建立清晰度评价算法。

对人类视觉系统（HVS）的对比度研究表明,人眼对刺激信号的响应依赖于信号亮度相对于背景亮度的局部变化,而不是绝对亮度[4]。信号亮度相对变化剧烈的点称为边缘点,信号的变化幅度就是像素点梯度。织物多焦面序列图像纹理复杂,纱线、纤维和绒毛纵横交错,导致图像细节特征丰富,边缘信息较多。离焦越小的图像,边缘越锐利,边缘点与非边缘点的梯度值差异越大,不平滑过渡。针对织物多焦面图像的这一特征,这里提出一种新的清晰度评价算法——区域梯度方差。

假定 $S(x,y)$ 为像素点 (x,y) 的清晰度,Ω 表示以点 (x,y) 为中心的局部区域,$g(i,j)$ 为像素点 (i,j) 的梯度,则:

$$S(x,y)=\frac{1}{Num}\sum_{(i,j)\in\Omega}\big[g(i,j)-\mu\big]^2 \qquad (3-11)$$

其中:Num 表示区域 Ω 内的像素点个数;μ 表示区域 Ω 内的梯度平均值。

根据对人类视觉多通道特性的研究,人类的视觉系统类似于一组滤波器,其处理图像的过程类似于将接收的图像分解为不同频率、不同方向的通道组,且这些通道不是各向同性的,而是对不同色度、不同方向的刺激有不同的敏感度,人眼对水平方向和垂直方向的刺激最敏感,对角线方向的刺激最不敏感,从水平或垂直方向到对角线方向,敏感性逐渐减弱[4]。因此,梯度的计算采用水平方向和垂直方向的一阶微分算子即 Prewitt 算子:

$$g(x,y)=abs\big[f(x,y)\oplus|a',b',c'|\big]+abs\big[f(x,y)\oplus|d',d',d'|\big]$$
$$(3-12)$$

其中:$a=(-1,-1,-1)$;$b=(0,0,0)$;$c=(1,1,1)$;$d=(-1,0,-1)$;$|a',b',c'|$ 和 $|d',d',d'|$ 为 Prewitt 算子;$\oplus$ 表示卷积运算。

3.2.3 清晰度评价区域的自适应选择

区域大小是区域清晰度评价的一个重要参数。评价区域过小会增加深度图像的噪点,且由于参与计算的像素点数太少,从而降低算法的精确性;区域过大不仅会因计算数据过大而降低算法速度,且较大区域容易跨越多个图层深度,降低最终评价结果的可靠性。理想的区域是区域内的像素点属于同一目标且深度相似。为此,需建立一幅包含绒毛完整深度信息的图像,在此基础上选取评价区域。绒毛贯穿多个深度图层,单幅图层只包含某个聚集平面的绒毛,因此首先预重建织物表层的深度图像,然后利用此深度图像提取绒毛信息。具体方法:首先利用序列图层预重建织物表面和绒毛的深度图像,然后建立织物基准平面分割绒毛和织物表面,从而提取绒毛,对绒毛深度图像进行小目标去噪和孔洞填充,最终获得一幅包含完整绒毛深度信息的图像。

获得绒毛深度图像后,按深度分解成四个子图像。由于子图像包含的像素点属于同一深度区间,因此可以看作深度相似。对子图像标记连通区域,每个连通区域可以近似代表同一目标深度相似的区域模块。计算所有连通区域最大内切圆半径,求取均值,可以近似得到评价区域的半径。同时,提取连通域边界作为限制边界,以目标像素点为中心选择限制边界内且不超过预设半径的像素点组成评价区域。至此,以深度和距离为两个限制条件实现了清晰度评价区域的自适应选择。绒毛自适应选取评价区域的流程如图 3-6 所示。

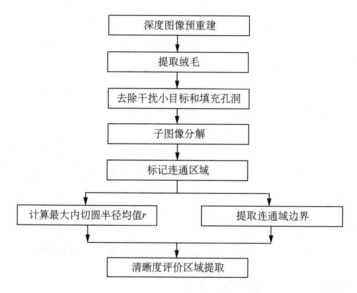

图 3-6 评价区域的自适应选择流程

(1)深度图像预重建

预重建深度图像时采用的清晰度评价指标为本书提出的区域梯度方差,考虑到在实际操作中,待检测织物的纤维细度分布多样,因此预重建的清晰度评价区域半径选择较小的值:$r=2$。以第二章中 4 级织物样本的多焦面图层为例,预重建的深度图像如图 3-7 所示。

(2)提取绒毛

获得绒毛和织物表面的深度信息后,将绒毛和织物本体分割,从而提取绒毛。目标分割是以织物表面为基准面进行的,提取高于织物基准面的绒毛目标。具体的分割方法将在第四章详细阐述。提取的绒毛图像以灰度形式保留了绒毛的深度信息,织物表面区域设为白色像素,如图 3-8 所示。

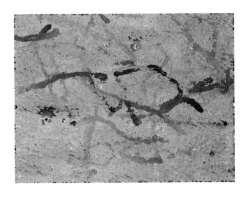

图 3-7　预重建深度图像　　　　　　　图 3-8　绒毛灰度图像

（3）去除噪点小目标及孔洞填充

上述选择的清晰度评价区域半径 $r=2$ 较小，而较小的区域容易产生噪点小目标（图 3-8），这会干扰后续的图像处理，因此需要将噪点小目标剔除。本书采用形态学中的开运算去除噪点小目标。开运算是先腐蚀后膨胀的过程。开运算能够在滤除噪点小目标后，尽可能多地保留大目标的原始信息。本书采用 11×11 的十字形结构尺寸进行开运算。

绒毛内部有部分较小的白色孔洞，需填充以保证绒毛内部的深度连通性。通过观察图像可以发现，白色像素的连通区域只分为背景和孔洞两类，因此采用连通区域的方法去除孔洞。首先计算白色点的连通区域并标记，继而计算所有连通区域面积，并以面积最大的区域为背景区域，填充除背景区域之外的所有白色像素连通区域，填充色取区域边界的像素灰度中值。原始及开运算和孔洞填充后的绒毛图像如图 3-9 所示。

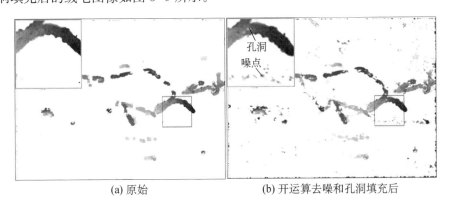

(a) 原始　　　　　　　　　　(b) 开运算去噪和孔洞填充后

图 3-9　绒毛图像

（4）子图像分解

绒毛在空间上是无序分布的，即使两根绒毛在平面坐标上相连，也可能处于不同深度，因此两根相交的绒毛实际上可能不属于一个连通区域，如图 3-10 中的区域 C 和区域 D。同时，同一根绒毛会贯穿多个深度，如图 3-10 中的区域 A 和区域 B。

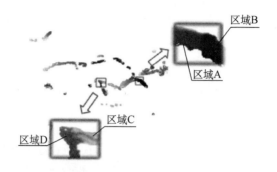

图 3-10　深度不连续区域

为了实现空间上连续而深度差异较大的目标互相分离，将绒毛图像依据深度分解为若干子图像。由于只需切割深度差异比较大的目标，深度分层不用过于精细，因此对绒毛图像进行中值滤波处理，然后按深度分解为四层子图像。分解的四层子图像为二值化图像，如图 3-11 所示。

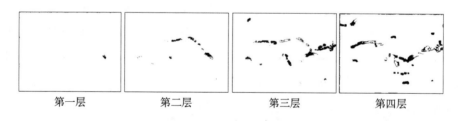

第一层　　　　　第二层　　　　　第三层　　　　　第四层

图 3-11　子图像分解效果

（5）标记连通区域

如果像素 A 与像素 B 邻接且两个像素的灰度值相同，那么称像素点 A 与像素点 B 连通。从视觉上看，彼此连通的点形成一个区域，而由所有彼此连通的点构成的集合称为连通区域。连通区域分为四连通和八连通。这里考虑的连通区域为八连通区域，采用基于递归的图像连通区域检测算法[5]。在连通区域检测算法中，每个目标像素点有两个标志：区域标记和等价标记。设计等价标记是因为在第一次扫描中，受扫描次序限制，开始时认为属于不同连通区域的两个目标点,随着进一步的扫描发现,这两个目标点是连通的。等价标记是对连通区域做出的编号,以表明初次扫描时不同区域标记的点实际上属于一个连通区域。标记连通区域的步骤如下:

① 标记图像左上角像素点,标记为 1 号连通区域。

② 扫描第一行其他像素点。每扫描一个新的目标像素点,参考其左边像素点;若左边像素点也为目标点,则将该点的区域记为左边像素的标记;若左边像素为背景点,则连通区域编号加 1,并将该点像素区域标记赋予新的连通区域编号。

③继续扫描图像中剩余像素点。从第二行开始,像素点的区域标记会出现等价的情况,需要记录等价标记。

④ 对于每一行的第一列像素点,若是一个新的目标点,需参考其上、右上两个像素点;若两个像素点皆不为目标点,则连通区域编号加 1,并将此区域标记为新的编号;若只有一个像素点为目标点,则将此像素点的区域编号赋予新的目标点;若两个像素点均为目标点且区域编号不一致,则按照上、右上的优先顺序确定新目标点的标记值,并将两个区域编号记为等价标记。

⑤ 对于处于中间列的像素点,若是一个新的目标点,则需参考其左、左上、上、右上四个像素点,具体参照第一列像素点的标记方法,优先顺序为左、左上、上、右上。

⑥ 对于最后一列的像素点,依据左、左上、上像素点的优先顺序,参照第一列像素点的方法进行区域标记和等价标记。

⑦ 对图像进行第二次扫描,参照等价标记对连通区域的初始标记进行梳理,得到最终的连通区域标记。

对每层分解图像分别提取黑色像素点的连通区域后,提取各自连通区域边界,融合得到如图 3-12 所示的效果。

（6）计算最大内切圆半径

计算区域内最大内切圆半径的方法有很多。这里采用八方向扩散的快速内切圆算法。即对区域内部的所有点进行八方向扩散,遇到区域边界后扩散停止,记录当前扩散步长,对所有内部点扫描后,扩散步长的最大值即为最大内切圆半径。对四层图像的所有连

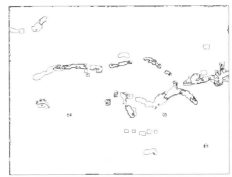

图 3-12　连通区域边界

通区域计算最大内切圆半径,求取平均值即为清晰度评价区域预设半径。

(7)评价区域自适应选择

获得预设半径后,以目标像素点为中心,选择与目标像素点距离小于预设半径的像素点。在图像处理中,像素点之间的距离计算一般采用欧几里得距离。

$$d_{(p,q)} = \sqrt{(p_x - q_x)^2 + (p_y - q_y)^2} \tag{3-13}$$

欧几里得距离的计算量大,需进行开方和平方运算,因此本书采用逐步扩散的方法[6]。

同时,为了保证区域内的像素点深度相通,评价区域不能跨越多个连通区域,因此以图3-12提取的连通区域边界为限制边界,在边界内进行扩散。具体方法:开始从目标像素点沿四邻域方向扩散,然后从新像素点沿八个方向扩散,两种扩散方式交替进行,当扩散边界与限制边界相遇时,则该方向停止扩散,扩散步数等于预设半径后扩散终止。令5为预设半径,图3-13演示了两个目标像素点扩散的具体步骤,当第四次扩散时,上方点的扩散模型触碰到限制边界(黑色像素点),因此该点在此方向停止扩散,其他方向继续扩散。扩散五次后两个目标点均终止扩散。

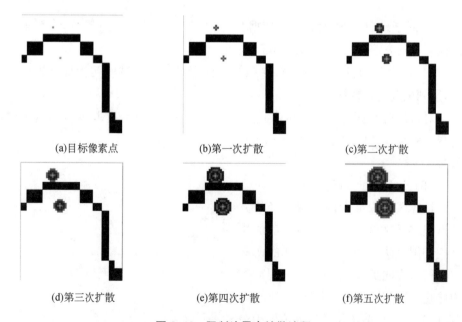

(a)目标像素点　　　　(b)第一次扩散　　　　(c)第二次扩散

(d)第三次扩散　　　　(e)第四次扩散　　　　(f)第五次扩散

图3-13　限制边界内扩散流程

3.3　深度图像重建

3.3.1　深度图像重建流程

本书采集的 61 幅序列层贯穿了绒毛的全部深度并触及织物表面。因此，视野中每个平面位置 $(x，y)$ 都能在序列图层中找到成像最清晰的聚焦点，采集聚焦点时平台的 z 轴坐标为点 $(x，y)$ 的深度。由于图层间的平台移动距离是固定的，因此可以用图层序号代表深度信息。

重建深度图像的主要思路：首先对所有图层进行预处理；然后计算所有图层中所有像素点的清晰度，并记录至三维清晰度矩阵，其中的 $(x，y)$ 表示像素点的平面坐标，z 表示像素点的图层序列号；对每个 $(x，y)$ 平面位置，沿 z 轴方向寻找清晰度最大值，记录其所在图层 (z)；获得每个平面位置的深度 (z) 后，将其投射到灰度空间，最终输出深度图像。

重建深度图像算法的流程如图 3-14 所示。令序列图层数为 n，每层图像由 $W \times H$ 个像素组成。三维清晰度矩阵 $DCM(n，W，H)$ 中保存所有图层像素点的清晰度。二维矩阵 $DCM_{max}(W，H)$ 记录各个平面位置的最大清晰模值。最大清晰模值点所在的图层矩阵为 $I(W，H)$。

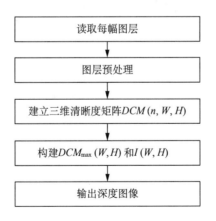

图 3-14　深度图像重建流程

最大清晰度模值矩阵的表示和计算方式如下：

$$DCM_{max}(W，H) = \underset{i=1, 2, \ldots, N}{\mathrm{argmax}}\, DCM(W，H)_i \tag{3-14}$$

图层矩阵 $I(W，H)$ 记录了 $(x，y)$ 平面位置的最佳聚焦图层序号。得到图

层矩阵 $I(W,H)$ 后,将每个像素点的深度值 $[0,60]$ 投射至灰度空间 $[0,255]$,输出灰度图像。对于多焦面序列图像,并不是所有图层都包含聚焦像素点。为了尽可能提高深度图像的对比度,首先计算图层矩阵 $I(W,H)$ 的最大图层编号 $\text{max}D$ 和最小图层编号 $\text{min}D$。将深度值转换为灰度值的公式如下:

$$f(x,y)=255-255\times[I(x,y)-\text{min}D]/(\text{max}D-\text{min}D) \quad (3-15)$$

3.3.2 深度图像重建实例

图 3-15 显示了利用第二章中五个等级织物样本的序列图层重建的深度图像。深度图像上的灰度值表示像素点的深度值,灰度越深,表明深度越大。因此,深度图像不仅包含绒毛的分布和绒毛的集聚状态,还包含绒毛和织物表面的三维高度信息,这有利于后续的绒毛分割和特征值提取。从图 3-15 可以看出,绒毛形态完整,边界清晰。因此,本书提出的深度重建算法能较准确地获得目标的深度数据。

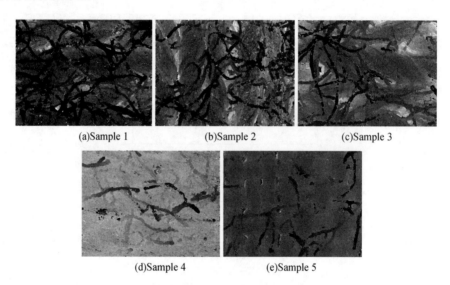

(a)Sample 1   (b)Sample 2   (c)Sample 3

(d)Sample 4   (e)Sample 5

图 3-15 深度图像重建实例

3.4 深度图像重建效果评价

3.4.1 图层预处理效果评价

为了观察不同预处理方法对图像的去噪效果,本书对深度图像进行滤波实验评价。评价分为两个部分：一是所有图层滤波后重建的深度图像与原图层重建的深度图像进行对比，验证去噪预处理的必要性；二是将经不同滤波方式处理后建立的深度图像进行对比，探讨最佳滤波算法。

以第二章中五级织物样本的序列图层作为示例，对所有图层进行滤波处理，滤波方式分别采用均值滤波、高斯滤波和中值滤波，比较滤波后的图像与未经处理的图像。

在客观评价方面，采用两个降噪评价标准，即：峰值信噪比（PSNR）和均方差（MSE），它们通常用来表示图像的失真程度[7]。对于一幅大小为 $M×N$ 的图像，两个标准的定义如下：

$$PSNR = 10 \cdot \lg \frac{255^2 \cdot M \cdot N}{\sum\limits_{x} \sum\limits_{y} \left[f(x, y) - f^*(x, y) \right]^2} \tag{3-16}$$

$$MSE = \frac{\sum\limits_{x} \sum\limits_{y} \left[f(x, y) - f^*(x, y) \right]^2}{M \cdot N} \tag{3-17}$$

式中：$f(x, y)$ 为去噪前图像灰度；$f^*(x, y)$ 为去噪后图像灰度。

图 3-16～图 3-20 为五个等级织物样本去噪前和去噪后的图像对比：（a）为去噪前图像；（b）为均值滤波处理后的图像；（c）为高斯滤波去噪后的图像；（d）为中值滤波处理后的图像。

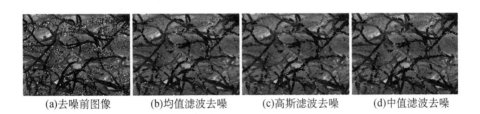

(a)去噪前图像　　　(b)均值滤波去噪　　　(c)高斯滤波去噪　　　(d)中值滤波去噪

图 3-16　Sample 1 去噪效果

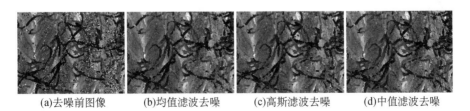

(a)去噪前图像　　　(b)均值滤波去噪　　　(c)高斯滤波去噪　　　(d)中值滤波去噪

图 3-17　Sample 2 去噪效果

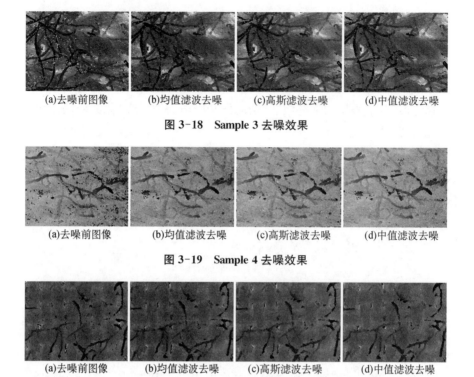

(a)去噪前图像 (b)均值滤波去噪 (c)高斯滤波去噪 (d)中值滤波去噪

图 3-18 Sample 3 去噪效果

(a)去噪前图像 (b)均值滤波去噪 (c)高斯滤波去噪 (d)中值滤波去噪

图 3-19 Sample 4 去噪效果

(a)去噪前图像 (b)均值滤波去噪 (c)高斯滤波去噪 (d)中值滤波去噪

图 3-20 Sample 5 去噪效果

通过去噪前和去噪后的图像比较,明显可以看出滤波后的深度图像上噪点大幅度减少。接下来分析各去噪技术的峰值信噪比和均方差,这两个参数体现了去噪后的图像对原图像信息的保留程度,其中峰值信噪比越大说明原图像的信息保留得越完整,而均方差越低表示图像的失真程度越低。

五个等级织物样本的测试结果如表 3-1 所示。从表 3-1 可以看出,经中值

表 3-1 图像去噪

织物样本	均值滤波		高斯滤波		中值滤波	
	PSNR	MSE	PSNR	MSE	PSNR	MSE
Sample 1	−0.46	2 657.89	−0.70	2 812.40	−0.43	2 640.60
Sample 2	0.03	2 375.28	−0.21	2 510.75	0.11	2 330.95
Sample 3	2.84	1 241.79	2.46	1 355.82	2.91	1 223.03
Sample 4	3.41	1 090.04	3.16	1 056.57	3.59	1 046.05
Sample 5	7.74	401.54	7.75	401.53	7.89	388.43

滤波的样本均有最大的 PSNR 和最小的 MSE,因此中值滤波在有效去除噪点的同时能很好地保留原图像的边缘信息,滤波后图像的失真程度最小。

3.4.2 深度图像重建效果评价

由于自然起毛起球的织物上的绒毛形态和分布较复杂,没有标准深度图像,很难验证深度重建算法的准确性。针对此问题,设计了自制样本来探讨深度重建算法的准确性,并将本书提出的基于梯度方差的清晰度评价算法与三种常用的清晰度算法进行对比。

选取一块未起毛起球的织物,从其上取出一根纤维,人为地放置在织物上,纤维从左上角沿着对角线延伸至右下角。在光学显微镜下采集一组序列多焦面光学切片图像,部分图层如图 3-21 所示。

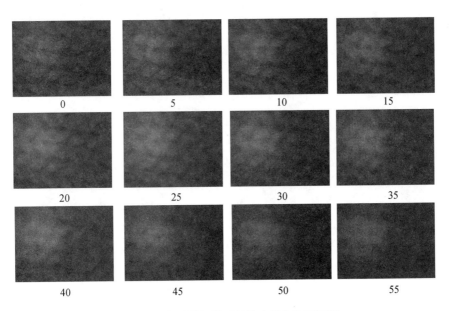

图 3-21 自制单根绒毛织物序列多焦面图层

(1)主观评价

首先对重建的深度图像质量进行人工视觉评估。主观评价指标主要有图像匹配是否一致,绒毛形态是否完整,绒毛深度变化是否与实际起伏一致,是否丢失信息等。图 3-22 为基于三种经典清晰度评价算法重建的深度图像,其中,(a) 对应基于图像熵的清晰度,(b) 对应基于图像灰度方差的清晰度,(c) 对应基于图像梯度的清晰度。图 3-23 (a) 为基于本书提出的梯度方差清晰度评价算法重建的深度图像。

从图3-22可以看出,基于熵的清晰度评价算法对织物的纹理变化较为敏感,在深度图像上看不到绒毛形态;基于灰度方差的评价方法中,绒毛边界模糊,并有两处绒毛断裂,这表示相应位置的深度提取不正确;基于梯度的评价方法中,在绒毛较低的位置形态较完整,而深度较高位置出现了断裂、不完整的绒毛形态。采用基于梯度方差的清晰度评价算法,不仅绒毛的形态完整、边界清晰,而且深度变化与绒毛实际起伏一致,因此深度重建的效果较好。然而,深度图像上有较多的织物纹理斑块,这会对织物表面和绒毛的分割造成严重干扰。提取绒毛的具体算法将在第四章详细介绍,这里只附上分割后提取的绒毛图像[图3-23(b)]。

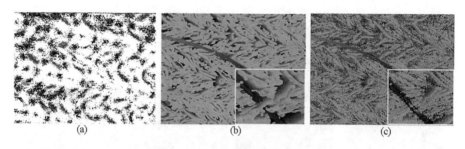

(a)   (b)   (c)

图3-22 经典清晰度评价算法

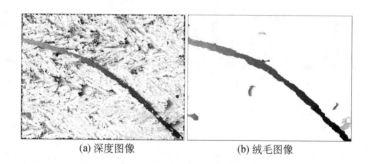

(a) 深度图像   (b) 绒毛图像

图3-23 梯度方差清晰度评价算法

（2）客观评价

由于利用光学多焦面图像对织物深度图像进行重建的算法是本书首次提出的,因此目前未有客观评价指标。在这一节中,采用融合图像的客观评价指标评价本书的算法和三种常用清晰度评价算子。

图像融合是指将从不同聚焦位置采集的多焦面图层融合成一幅聚焦清晰的图像,像素级图像融合则是计算所有像素点的清晰度,将纵向清晰度峰值的像素点拼接而成融合图像。像素点的清晰度评价算法直接影响融合图像质量,因此评价融合图像的质量能从侧面对比清晰度评价指标。

融合图像的客观评价算法主要有信息熵（IE）、交互信息（IM）、平均梯度等[8]。

① 信息熵（IE）

信息熵可作为评价融合图像包含信息量的一个指标，它反映融合图像的信息丰富程度，其值越高说明融合效果越好。

$$IE = -\sum_{i=0}^{L-1} P_i \log_2 P_i \tag{3-18}$$

其中：P_i 为灰度值 i 的频率；L 为灰度值的级数。

② 交互信息（MI）

交互信息反映图像之间的交联。它同熵一样，反映融合图像与原图像信息的相关性。设有两个随机变量 X 和 Y，X 为信息源发出的消息，Y 为接收方收到的消息。接收 Y 后推测信源发出 X 的概率，这一过程可由后验概率 $P(x|y)$ 描述。信号源发出 X 的概率 $P(x)$ 称为先验概率。定义 X 的后验概率与先验概率壁纸的对数为 Y 对 X 的交互信息：

$$I(x_i, y_i) = \log_2\left(\frac{p(x_i \mid y_j)}{p(x_i)}\right) (i=1, 2, \cdots, m; j=1, 2, \cdots, m) \tag{3-19}$$

两个变量的交互信息表示为：

$$MI_{XY}(x_i, y_i) = \sum_{i=1}^{m} \sum_{j=1}^{m} p_{XY}(x_i, y_i) \log_2 \frac{p_{XY}(x_i, y_i)}{p_X(x_i) p_Y(y_i)} \tag{3-20}$$

将 N 个图像理解为 N 维随机变量，从而推广到 N 维空间。假定 $p_N(i)$ 为第 N 层原图像上灰度值 i 的概率密度，融合图像上灰度值 j 的概率密度为 $p_F(j)$，$p_{FN}(i, j)$ 为灰度值 (i, j) 的联合概率密度。融合图像与原图像的交互信息表示为：

$$MI_{FN} = \sum_{i=0}^{L-1} \sum_{j=0}^{L-1} p_{FN}(i, j) \log_2 \frac{p_{FN}(i, j)}{p_N(i) p_F(j)} \tag{3-21}$$

本书中，$L = 256$。多焦面图像融合后，融合图像与原图像的交互信息为：

$$MI_F = \sum_{N=0}^{n} MI_{FN} \tag{3-22}$$

其中：n 为序列多焦面图层数。

交互信息越大，表明融合图像保留的原图像信息越完整，融合效果越好。

③ 平均梯度（AG）

平均梯度是衡量图像清晰度的指标，其值越大，表明图像包含的信息越丰富。平均梯度的表达式如下：

$$AG = \frac{1}{W \times H} \sum_{x=0}^{W} \sum_{y=0}^{H} \left[\Delta f'_x (x, y)^2 + \Delta f'_y (x, y)^2 \right] \qquad (3-23)$$

其中：W 和 H 分别表示图像的宽度和高度；$f(x, y)$ 为像素点的灰度；$\Delta f'_x$ 和 $\Delta f'_y$ 分别表示 x 方向和 y 方向的灰度一阶导数。

表 3-2 列出了不同清晰度评价方法的融合图像质量客观评价结果。交互信息反映融合图像与原图像的相关性，信息熵表征融合图像包含的信息量，平均梯度表达融合图像的锐利程度。从表 3-2 可以看出，本书提出的基于梯度方差的算法取得交互信息和信息熵的最佳值，但基于灰度方差的平均梯度最大。这说明，基于梯度方差的算法能更完整地保留原图像的信息，而基于灰度方差的算法的边缘锐化度最优。图 3-24 为两种融合图像的局部放大图，其中，(a) 对应本书提出的算法，(b) 对应基于灰度方差的算法。从此图可以看出，(b) 的绒毛有一处出现断裂，而 (a) 的绒毛信息保留较完整，同时发现 (b) 的噪点更多，(a) 更加平滑。因此，虽然基于灰度方差的算法边缘更锐化，但同时产生了更多噪点。由此可见，基于梯度方差的清晰度评价算子不仅能正确测量像素点清晰度，且抗噪能力强。

表 3-2　融合图像质量指标

项目	交互信息(MI)	信息熵(IE)	平均梯度(AG)
信息熵	674.54	4.26	54
梯度	746.48	4.59	146
灰度方差	1 159.43	4.42	152
梯度方差	1 168.22	4.60	101

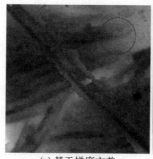 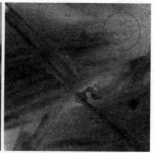

(a) 基于梯度方差　　　　　　(b) 基于灰度方差

图 3-24　融合图像局部放大图

3.5　小结

本章主要针对图层的去噪处理和织物表层的深度重建算法进行研究。

（1）未经图层预处理后重建的深度图像上呈现较多噪点，经滤波后噪点大幅减少。去噪方式有均值滤波、高斯滤波和中值滤波。采用峰值信噪比（PSNR）、均方误差（MSE）定量比较各滤波方式的效果。结果显示中值滤波失真程度最小，能在去除噪点的同时很好地保留原图像的边缘信息。

（2）深度重建算法的思路为利用显微镜下采集的贯穿绒毛深度并触及织物表面的序列多焦面图层，对每个平面位置(x, y)，沿图层方向搜索清晰度最高的聚焦点，该点所在的图层序列号即为深度。传统的清晰度评价方法中，梯度算法计算的像素点过少，容易受噪点干扰，稳定性差；基于局部区域的信息熵和灰度方差将图像划分为固定区域，容易因区域内像素深度点不连续造成清晰度误判。为此，本章提出了基于自适应区域梯度方差的清晰度评价方法。自适应区域选择的基本框架：首先选择较小区域半径预重建深度图像，提取绒毛后将绒毛图像依据深度分解为四个子图像，在子图像中标记连通区域并提取连通域的边界，然后计算每个连通域的最大内切圆半径，最后以连通域边界为限制边界、内切圆半径均值为预设半径划分区域。

（3）通过自制单根绒毛织物样本，比较本章提出的算法与梯度、区域信息熵和区域灰度方差这三种传统方法进行比较。通过对重建深度图像的主观评价，发现基于信息熵的评价方法无法获取绒毛形态，另外两种算法绒毛边缘模糊，且部分位置断裂，这表示相应位置的深度提取不正确。基于自适应梯度方差清晰度评判标准重建的深度图像中，绒毛形态完整、边界清晰，且深度变化与绒毛的实际起伏一致。通过信息熵、交互信息和平均梯度评价融合效果，证明基于自适应区域的梯度方差算子不仅能正确测量像素点清晰度，且抗噪能力强。

参考文献

［1］Buades A，Coll B，Morel J M. A review of image denoising algorithmswith a new one［J］. Siam Journal on Multiscale Modeling & Simulation，2005，4(2)：490-530.

［2］Subbarao M，Tyan J K.Selecting the optimal focus measure for auto-focusing and depth-from-focus［J］. IEEE Transactions on Pattern Analysis & Machine Intelligence，1998，20(8)：864-870.

[3] Wang RW，Xu B G，Zeng P F，et al. Multi-focus image fusion for enhancing fiber microscopic images [J]. Textile Research Journal，2012，82(4)：352-361.

[4] 李敏，李俊. 基于人类视觉系统特性的图像质量评价算法 [J]. 科技通报，2013，29(2)：160-162.

[5] 徐正光，鲍东来，张利欣. 基于递归的二值图像连通域像素标记算法 [J]. 计算机工程，2006，32(24)：186-188.

[6] 徐鑫. 基于纤维自然边界的非织造纤网图像融合研究[D]. 上海：东华大学，2014.

[7] 黄小乔，石俊生，杨健，等. 基于色差的均方误差与峰值信噪比评价彩色图像质量研究 [J]. 光子学报，2007，36(1)：295-298.

[8] 李晓阳. 荧光图像融合与伪彩色增强技术[D]. 太原：中北大学，2014.

第四章 基于深度信息的绒毛和织物本体分割

本章将介绍绒毛和织物表面的分割技术。获得绒毛和织物表面深度信息后,基于两者的深度差异进行分割,从而提取绒毛。常用的目标分割算法有边缘检测法和阈值分割法。边缘检测法能提取深度不连续目标之间的边界,从而分离不同深度目标。阈值分割法中,可针对绒毛和织物表面的深度差异,设定深度阈值,将高于阈值的绒毛和低于阈值的织物表面分割开来。本章首先介绍边缘检测和阈值分割算法。针对两种方法的缺陷和本书深度图像的特点,提出基于织物基准面拟合的绒毛分割算法。详细阐述拟合平面中织物表面基点选取的方法和原理,并以基点拟合的织物基准面为分割平面,最终实现绒毛的提取。本章选用样本 Sample 4 进行各算法步骤的图示。实验部分采用 Sample 1～Sample 5 五个织物样本进行图像分割和拟合方程的统计实验,结果表明拟合的基准平面能准确预测织物表面的深度,从而正确提取高于此深度的绒毛。

4.1 基于边缘检测的目标分割方法

在绒毛和织物表面的深度图像中,绒毛深度在织物表面之上,因此在绒毛与织物表面交界处存在深度不连续边界,即绒毛的边缘轮廓。通过边缘检测,提取封闭的绒毛边缘轮廓后,可将轮廓内目标(绒毛)和轮廓外目标(织物表面)分割开来,实现绒毛的提取。

边缘局部小区域的强度变化可表示为阶跃变化函数和屋顶变化函数。阶跃变化函数是指图像强度在不连续区域两侧的灰度值有显著差异,屋顶变化函数即图像的灰度强度发生突变,保持较小行程后回到原来灰度值。图像边缘属性分为方向和幅度,沿边缘方向的灰度变化平缓,而垂直于边缘方向的灰度变化剧烈,这种变化可以用局部小区域的一阶、二阶微分导数表达。图4-1所示为阶跃变化和屋顶变化函数曲线及其图像。阶跃变化函数的一阶微分导数在边缘点获得极大值,而二阶导数的值为零;屋顶变化函数的一阶导数在边缘点为零,二阶导数在边缘点获得极大值[1-2]。

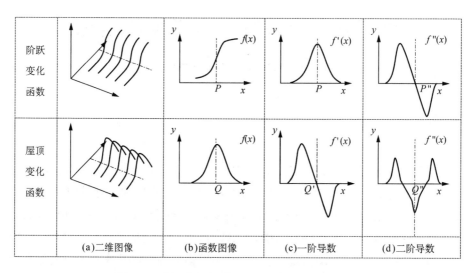

| | (a)二维图像 | (b)函数图像 | (c)一阶导数 | (d)二阶导数 |

图 4-1 阶跃变化和屋顶变化函数曲线及其图像

4.1.1 基于一阶微分的边缘检测算子

(1) Roberts 算子

Roberts 算子[1]利用局部对角线差分寻找边缘。Roberts 算子的计算公式如下:

$$\Delta f_x = f(x, y) - f(x+1, y+1) \tag{4-1}$$

$$\Delta f_y = f(x, y+1) - f(x+1, y) \tag{4-2}$$

$$D(x, y) = \sqrt{\Delta f_x{}^2 + \Delta f_y{}^2} \tag{4-3}$$

Roberts 算子模板如图 4-2 所示,它是 2×2 卷积模板。采用 Roberts 算子得到梯度值 $D(x, y)$ 后,选择合适的阈值 Th,当梯度值大于阈值时,则判断该像素点为边缘点。

Roberts 算子采用对角线方向的灰度差来计算梯度,精度较高,但不能抑制噪声,用于陡峭的低噪声图像的效果较好。

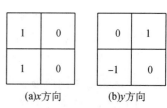

(a)x方向 　(b)y方向

图 4-2 Roberts 算子模板

（2）Prewitt 算子

Prewitt 算子[2]是一个 3×3 模板，利用像素点水平和垂直方向的邻域点的灰度差，取边缘处的极值点作为边缘点。其计算公式如下：

$$\Delta f_x = f(x+1, y-1) + f(x+1, y) + f(x+1, y+1)$$
$$- f(x-1, y-1) - f(x-1, y) - f(x-1, y+1) \tag{4-4}$$

$$\Delta f_y = f(x-1, y-1) + f(x, y-1) + f(x+1, y-1)$$
$$- f(x-1, y+1) - f(x, y+1) - f(x+1, y+1) \tag{4-5}$$

$$D(x, y) = \max[|\Delta f_x|, |\Delta f_y|] \tag{4-6}$$

和 Roberts 算子一样，中心像素点用图 4-3 的两个核进行卷积。选择合适的阈值 Th，若 $D(x, y) > Th$，则判断 (x, y) 为边缘点。

图 4-3 Prewitt 算子模板

Prewitt 算子对噪声具有平滑作用，能去掉部分伪边缘。

（3）Sobel 算子

Sobel 算子[3]在 Prewitt 算子的基础上加入了权重。在 Sobel 算子中，邻域点灰度的权重受其到中心点的距离影响，水平和垂直方向的邻域点权重为 2，对角线方向邻域像素的权重为 1。其计算公式如下：

$$\Delta f_x = f(x+1, y-1) + 2f(x+1, y) + f(x+1, y+1)$$
$$- f(x-1, y-1) - 2f(x-1, y) - f(x-1, y+1) \tag{4-7}$$

$$\Delta f_y = f(x-1, y-1) + 2f(x, y-1) + f(x+1, y-1)$$
$$- f(x-1, y+1) - 2f(x, y+1) - f(x+1, y+1) \tag{4-8}$$

$$D(x, y) = \sqrt{\Delta f_x{}^2 + \Delta f_y{}^2} \tag{4-9}$$

中心像素点用图 4-4 的两个核进行卷积。选择合适的阈值 Th，若 $D(x, y) > Th$，则判断 (x, y) 为边缘点。

Sobel 算子根据目标像素点上下、左右的邻点的加权灰度差分检测边缘。

-1	0	1
-2	0	2
-1	0	1

1	2	1
0	0	0
-1	-2	-1

图 4-4　Sobel 算子模板

对噪声具有平滑作用,但边缘的定位精度不高,适合对精度要求不高的情况。

（4）Canny 算子

Canny 算子[4]建立了三个寻找边缘点的基本准则:(1)低错误率;(2)正确定位边缘点;(3)响应单一边缘点。Canny 算子的工作即找到能解决以上三个准则的数学表达,并寻找最优解。首先使用环形二维高斯函数平滑图像,计算结果的梯度,然后使用梯度幅度和方向估计每一点处的边缘强度和方向。

假定 $f(x, y)$ 代表输入图像,并且 $G(x, y)$ 表示高斯函数:

$$G(x, y) = e^{\frac{x^2+y^2}{2\sigma^2}}$$

(4-10)

G 和 f 卷积后形成一幅平滑图像:

$$f_s(x, y) = G(x, y) \oplus f(x, y)$$

(4-11)

接着,用下列公式计算各个像素点的梯度和梯度方向:

$$D(x, y) = \sqrt{\Delta f_{sx}^2 + \Delta f_{sy}^2}$$

(4-12)

$$\alpha(x, y) = \arctan\left[\frac{\Delta f_{sy}}{\Delta f_{sx}}\right]$$

(4-13)

Canny 算子中,灰度的梯度采用 Sobel 算子的卷积核。

非最大值抑制能够细化边缘。该方法的本质在于寻找边缘的梯度方向并保证邻域内边缘像素点在该方向上的唯一性。在一个 3×3 的窗口中,定义中心点的梯度方向:0°、45°、90°、-45°。图 4-5 显示了边缘的两个可能方向。由于这里将可能的梯度方向划分为四个方向,因此对于各个方向的分量,必须定义一个范围。如图 4-6（a）所示,当边缘的法线方向在 -22.5°~22.5°,或者-157.5°~157.5°的,将此边缘定义为水平边缘。图 4-6（b）显示了四个方向对应的角度。

假定 d_1、d_2、d_3、d_4 表示四个方向:0°（水平）、-45°、90°（垂直）、45°。对于在 $\alpha(x, y)$ 中以点 (x, y) 为中心的 3×3 的区域,最大值抑制可由以下步骤实现:

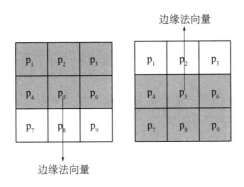

图 4-5 边缘方向

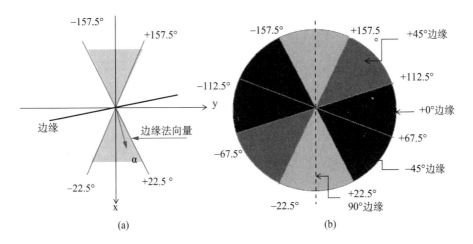

(a) (b)

图 4-6 四个方向的角度

① 寻找最接近 $\alpha(x, y)$ 的方向 d_k。

② 如果 $D(x, y)$ 的值小于 d_k 方向上两个相邻点中任何一个的梯度,将 (x, y) 的 $g_N(x, y)$ 定义为零(非极大值抑制);否则,$g_N(x, y) = D(x, y)$。

③ 对 $g_N(x, y)$ 设置阈值过滤错误边缘点。

通常,边缘点的梯度阈值为单阈值。然而对于单阈值,如果阈值过低,容易留下错误边缘;若阈值过高,则会误删有效的边缘。Canny 算子采用双阈值来减轻这一问题。Canny 算法中,对梯度设置一个低阈值 T_L 和一个高阈值 T_H。

两个阈值分别对各像素点梯度过滤,得到两幅边缘图像:

$$g_{NH}(x, y) = g_N(x, y) \geqslant T_H \tag{4-14}$$

$$g_{NL}(x, y) = g_N(x, y) \geqslant T_L \tag{4-15}$$

其中:$g_{NL}(x,y)$ 的非零像素点个数大于 $g_{NH}(x,y)$,并且包含 $g_{NH}(x,y)$ 的所有非零像素点。

阈值处理后,$g_{NH}(x,y)$ 中的所有非零点被认作有效边缘点并标记;而经高阈值过滤的边缘点会有边缘不连续现象,边缘容易出现缝隙。这时候就需要经低阈值过滤的边缘点填补缝隙,具体步骤如下:

① 在 $g_{NH}(x,y)$ 中定位处于端点的边缘像素点 p。

② 从 p 点开始在 $g_{NH}(x,y)$ 中沿八邻域搜索非零像素点并标记成有效边缘像素点。

③ 若 $g_{NH}(x,y)$ 中所有点被遍历,进入步骤④;否则,重复步骤①。

④ 将 $g_{NH}(x,y)$ 中未被标记成有效边缘像素点的点置零。

⑤ 最后,将 $g_{NH}(x,y)$ 中所有非零像素点加入 $g_{NL}(x,y)$。至此,Canny 算子找到的边缘由 $g_{NL}(x,y)$ 输出。

4.1.2 基于二阶微分的边缘检测算子

(1) Laplacian 算子

Laplacian 算子[5]利用灰度在边缘点的二阶导数出现零交叉的原理来检测边缘。其计算公式如下:

$$\nabla^2 f(x,y) = \frac{\partial^2 f(x,y)}{\partial x^2} + \frac{\partial^2 f(x,y)}{\partial y^2} \tag{4-16}$$

其中:$f(x,y)$ 表示图像灰度。

使用数字差分将 x 和 y 轴方向上的二阶偏导数近似表示如下:

$$\frac{\partial^2 f(x,y)}{\partial x^2} = f(x,y+1) - 2f(x,y) + f(x,y-1) \tag{4-17}$$

$$\frac{\partial^2 f(x,y)}{\partial y^2} = f(x+1,y) - 2f(x,y) + f(x-1,y) \tag{4-18}$$

把以上两式合并得到:

$$\begin{aligned}\nabla^2 f(x,y) = &f(x,y+1) + f(x,y-1) + f(x+1,y) \\ &+ f(x-1,y) - 4f(x,y)\end{aligned} \tag{4-19}$$

Laplacian 算子模板如图 4-7 表示。

Laplacian 算子的过零点代表边缘。Laplacian 算子具有各向同性的特点,定位精度校准,但二阶差分强化了图像原有噪声。理论上,过零点的内置精

0	1	0
1	-4	1
0	1	0

图 4-7　Laplacian 算子模板

度可以通过线性插值法精确到子像素,但噪声的干扰会降低结果的精确性。

（2）Log 算子

由于二阶差分会强化噪声,Laplacian 算法对噪声十分敏感。为此,对图像边缘增强前进行去噪处理。将高斯滤波器和 Laplacian 算子结合即形成 Log 算子[6]。Log 算子的实现分为两步:首先对图像进行平滑滤波,然后采用 Laplacian 算子卷积运算检测边缘。高斯滤波器是一个各向同性的低通滤波器,在空间域和频率域中均表现良好。

Log 算子的计算公式如下:

$$D(x, y) = \nabla^2 \big[f(x, y) \otimes G(x, y) \big]$$
$$= f(x, y) \otimes \nabla^2 G(x, y) \tag{4-20}$$

上式中后半部分是由高斯滤波器与 Laplacian 算子结合成的卷积核:

$$\nabla^2 G(x, y) = \frac{1}{2\pi\sigma^2} \left(\frac{x^2 + y^2}{\sigma^2} - 2 \right) \exp\left(-\frac{x^2 + y^2}{2\sigma^2} \right) \tag{4-21}$$

Log 算子抑制了噪声的影响,但平滑滤波会降低图像边缘的锐度,这会导致原本不显著的边缘变得更加模糊。因此,Log 算子对陡峭边缘的响应较好。

4.1.3　样本分析

以第二章中的第四级织物样本为例（Sample 4）,分别用上述六个算子对深度图像进行边缘检测,得到的绒毛边界效果如下:

从图 4-8 得知,基于一阶导数的边缘检测算了的检测结果优于基于二阶导数的边缘检测算子。Laplacian 算子和 Log 算子虽然能够平滑噪点,但丢失了大量绒毛边缘信息,尤其是 Log 算子。Log 算子对图像经过高斯平滑处理,这更削弱了算子对边缘信息的敏感度。Roberts 算子和 Canny 算子提取的边缘不连续情况非常明显。Prewitt 算子和 Sobel 算子提取的绒毛边界较完整,边缘提取效果最好,然而仍有局部未封闭的现象。从图 4-8 可以看出边缘不连续情况在绒毛根部更严重（图中圆形标注区域）。这是因为绒毛是从织物表面伸出的纤维，其一端被握持在织物内部，绒毛根部与织物表面的深度差异不是很明显，没有形成陡峭的边界，边缘检测算子很难将这部分边界检测出来。因此，采用边缘检测的方法无法提取绒毛封闭的轮廓边界，不适用于深度图像的绒毛分割。

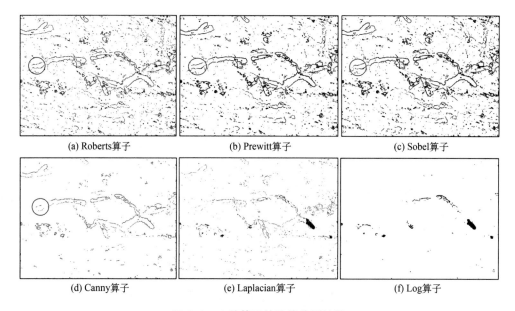

(a) Roberts算子　　　　(b) Prewitt算子　　　　(c) Sobel算子

(d) Canny算子　　　　(e) Laplacian算子　　　　(f) Log算子

图 4-8　六种算子的边缘检测结果

4.2　基于灰度阈值的目标分割方法

织物表面和绒毛之间存在明显的深度差异，反映到深度图像上，两者之间的灰度差异明显，因此，采用灰度直方图的阈值分割可以提取绒毛。

4.2.1　基于 Otsu 阈值的图像分割

本节介绍常用的基于 Otsu 阈值进行图像分割的方法[7]。此方法假定图像的灰度密度函数呈双峰分布，基于阈值分离出来的图像前景和背景区域之间存在最大类间方差和最小类内方差。基于此思想，Otsu 方法的实现可以表述如下：

对于图像 $I(x, y)$，其灰度分布在 $0 \sim L-1$，其中 L 为图像的灰度等级数。假定给定的像素点大小为 $M \times N$，并且像素点总数为 n，在灰度值 i 上的像素点

数量为 n_i。图像被阈值 t 分为前景和背景两个部分 D_0 和 D_1，其中前景 D_0 由在灰度区间$[0，t]$的像素点组成，而背景 D_1 中像素点的灰度区间处于$[t+1，L-1]$。$P_0(t)$ 和 $P_1(t)$ 分别代表前景和背景的累计概率，$u_0(t)$ 和 $u_1(t)$ 分别表示 D_0 和 D_1 的平均灰度，其计算公式如下：

$$P_0(t) = \sum_{i=0}^{t} p_t \tag{4-22}$$

$$P_1(t) = \sum_{i=t+1}^{L-1} p_i = 1 - P_0(t) \tag{4-23}$$

$$u_0(t) = \sum_{i=0}^{t} i * \frac{p_t}{P_0(t)} \tag{4-24}$$

$$u_1(t) = \sum_{i=t+1}^{L-1} i * \frac{p_t}{P_1(t)} \tag{4-25}$$

在 Otsu 方法中，最佳阈值分割出来的前景和背景拥有最大类间方差。类间方差的表达公式如下：

$$\partial_b(t) = P_0(t)(u_0(t))^2 + P_1(t)(u_1(t))^2 \tag{4-26}$$

那么，最佳阈值 Th：

$$Th = \arg \max_{1 < t < L} \partial_b(t) \tag{4-27}$$

4.2.2　样本分析

图 4-9 所示为基于 Otsu 阈值的图像分割所提取绒毛的效果。阈值分割后提取的绒毛图像出现了大量噪点。并且，Otsu 阈值法图像分割的结果显示，全局阈值并不适用于本书样本。从图 4-9（b）可以看出，分割图像丢失了左侧区域的部分绒毛信息，而对右侧区域的绒毛信息提取得较完整，但包含大量噪点，甚至出现了连成片的噪点。如图 4-9 中标注的圆形区域，其内的大片黑色像素点明显不是绒毛信息。这是因为放置显微镜的平台并不是绝对水平，加上载物平台移动过程中机械误差的影响，载物平台相对于水平面会有一定角度的倾斜。反映到深度图像上，即图像中织物的深度平面与水平面有一定夹角，每个位置的织物表面深度均不一样。因此，单一的全局阈值不适合对织物光学显微深度图像进行绒毛分割提取。

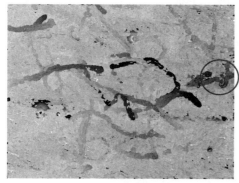

(a) 深度图像

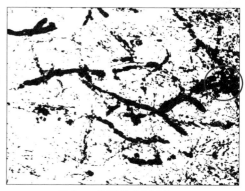

(b) Otsu 阈值法分割图像

图 4-9　基于 Otsu 阈值的图像分割效果

4.3　基于织物基准平面拟合的目标分割方法

4.3.1　算法原理

上文论证了边缘检测和全局阈值的图像分割方法无法实现对绒毛的准确提取,并得出了两个结论:(1)绒毛根部与织物表面深度连续,无明显深度变化;(2)织物表面不是一个绝对水平面,而是与水平方向有一定夹角的平面。基于此,本书提出了基于织物基准平面拟合的图像分割方法。此方法中,假定织物表面为刚性平面,该平面不是一个水平面,而是随着载物台的倾斜会与水平面有一定角度。绒毛为从该平面上伸出的目标,因此绒毛的深度值大于织物表面。将拟合的织物表面刚性平面称为织物基准平面(图 4-10)。一旦织物基准平面建立起来,即可获得每个平面坐标 (x,y) 上的织物表面深度 (z)。将深度图像中每个平面坐标的实际深度与拟合的织物表面深度进行比较,若实际深度高于织物表面深度,则判断该点为绒毛目标;若实际深度等于或低于织物表面深度,则判断该点为织物本体。

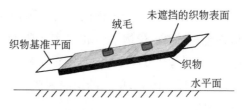

图 4-10　织物基准平面

　　在被绒毛覆盖的区域,由于绒毛的遮挡,织物的表面深度无法直接通过深度图像得到;在未被绒毛覆盖的区域,织物表面深度可从深度图像获得。因此,提出了基于有精确深度信息的若干点(以下称为基点)建立基准平面的方法。首先,在织物表面未被绒毛遮挡的区域选择若干基点,记录各基点的平面坐标(x,y)和深度值(z),采用最小二乘法拟合织物基准平面。任意位置的织物表面深度,可通过其(x,y)坐标值,利用基准平面拟合方程计算得到。

　　基点的正确选取是成功建立织物基准平面的关键。在织物基准平面的拟合过程中,基点即为织物表面未被绒毛遮挡的像素点。织物表面像素点的提取涉及图像分割。上一节论证了基于直方图的阈值分割算法和边缘检测算子均不适用于深度图像分割。因此,这里选用 Meanshift 图像分割方法。

　　Meanshift(均值漂移法)[8]是一种核密度估计算法,在聚类、分割等方面有广泛运用。采用 Meanshift 算法分割图像存在过分割问题。过分割是指将同一物体过度分割成多个目标。本书就利用 Meanshift 的过分割特点对深度图像进行分割。Meanshift 算法类似于区域生长法,在 Meanshift 之前首先需要选取生长的种子点。利用 Meanshift 和织物基准平面对织物表面和绒毛进行分割的具体步骤:首先,选取 Meanshift 的种子点;然后,利用 Meanshift 对深度图像进行过分割,也就是将图像中深度相似的像素点合并聚类,形成若干局部小区域,这些局部小区域被称为分裂片;这些分裂片有些位于绒毛区域,有些坐落于织物表面,从所有分裂片中提取出位于织物表面的分裂片;接下来,利用织物表面的分裂片的三维坐标,采用最小二乘法拟合织物基准平面;最后,以拟合的织物基准平面为依据,提取高于该平面的绒毛目标。图 4-11 显示了基于织物基准平面的图像分割流程。

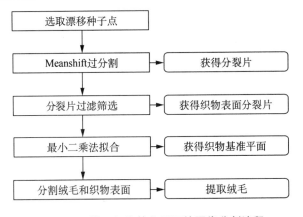

图 4-11　基于织物基准平面的图像分割流程

4.3.2 算法实施方案

（1）选取 Meanshift 种子点

在织物表面的空间结构上，绒毛将织物表面遮挡，因此在绒毛与织物表面的交界处，存在深度不连续的边缘。利用边缘检测可以找出织物表面和绒毛的深度不连续边界，基于此边缘，就可以成功在边缘两侧选出不同目标的种子区域。边缘检测算子有 Roberts 算子、Sobel 算子、Log 算子、Canny 算子等。在上一节中，讨论了各算子的检测结果，发现 Sobel 算子提取的边缘信息最完整，因此本节采用 Sobel 算子进行边缘检测。

获得深度不连续边缘后，基于边界的两边可以选择种子区域。我们知道，边缘检测算子留下了局部信号最强的像素点，但忽略了边缘像素点的邻近点对边缘计算的贡献。每个边缘像素点代表局部区域的梯度极大值，但其周围邻近点也具有一定概率成为边缘，其深度值和梯度值与物体的真正内部点依旧有一定差异。这些处于过渡区域的"中间点"虽然未被判断为边缘点，却不能完全作为目标的内部点，在选取 Meanshift 生长区域的时候，这些点应尽量避免。当沿着边缘两侧选取种子区域时，为了使两侧的区域合理分开，对 Sobel 算子得到的深度不连续边缘运用膨胀算法，其迭代次数采用 3。膨胀运算之后，沿着边缘点的两侧赋予边界不同的标签值，设为 Meanshift 的种子点。

（2）Meanshift 过分割

Meanshift 算法由 Petrus[9]等于 1975 年首次提出，在之后的二十年却无人问津，直到 Cheng[10] 在 1995 年发表了关于 Meanshift 运用的论文。如今，Meanshift 算法在计算机视觉中的图像分割和特征聚类等邻域有广泛应用。MeanShift 的实质是核密度估计算法，它将每个点移动到密度函数的局部极大值点处，即密度梯度为 0 的点，也就是模式点。其原理如下：

设已知有 n 个属于 d 维空间的数据点 $x_i, (i = 1, 2, \cdots, n)$，在多变量核函数 $K(x)$ 和 $d \times d$ 大小窗口的带宽矩阵 H 下，x_i 的核密度估计如下：

$$\hat{f} = \frac{1}{n} \sum_{i=1}^{n} K_H(x - x_i) \tag{4-28}$$

其中：

$$K_H(x) = |H|^{-\frac{1}{2}} K(H^{-\frac{1}{2}} x) \tag{4-29}$$

多变量核函数是满足紧支撑关系的有界函数：

$$\int_{R^d} K(x)dx = 1 \qquad \lim_{\|x\|\to\infty} \|x\|^d K(x) = 0$$

$$\int_{R^d} xK(x)dx = 0 \qquad \int_{R^d} xx^T K(x)dx = c_k \tag{4-30}$$

其中:c_k 为常量。

多变量核函数可由以下方式获得:

$$K^p(x) = \prod_{i=1}^d K_I(x_i) \qquad K^S(x) = a_{k,d} K_I(\|x\|) \tag{4-31}$$

放射状对称核函数满足下式:

$$K(x) = c_{k,d} k(\|x\|^2) \tag{4-32}$$

$K(x)$ 为放射性对称核函数,$k(x)$ 为轮廓函数,且 $x>0$。归一化常数 $c_{k,d}>0$ 使 $K(x)$ 积分为 1。当选取 $H = h^2 I$ 作为带宽矩阵时,核密度估计如下:

$$\hat{f} = \frac{1}{nh^d} \sum_{i=1}^n K\left(\frac{x-x_i}{h}\right) \tag{4-33}$$

将式 (4-32) 代入上式,得:

$$\hat{f}_{h,k}(x) = \frac{c_{k,d}}{nh^d} \sum_{i=1}^n k\left(\left\|\frac{x-x_i}{h}\right\|\right) \tag{4-34}$$

上式为 Meanshift 算法计算核函数密度概率分布时常用的公式。对上式求梯度,并定义以下函数:

$$g(x) = -k(x) \tag{4-35}$$

将式(4-35)代入式(4-34),有:

$$\hat{\nabla}f_{h,k}(x) = \frac{2c_{k,d}}{nh^{d+2}} \sum_{i=1}^n (x-x_i) g\left(\left\|\frac{x-x_i}{h}\right\|^2\right)$$

$$= \frac{2c_{k,d}}{c_{g,d}h^2}\left[\frac{c_{g,d}}{nh^d} \sum_{i=1}^n g\left(\left\|\frac{x-x_i}{h}\right\|^2\right)\right]\left[\frac{\sum_{i=1}^n x_i g\left(\left\|\frac{x-x_i}{h}\right\|^2\right)}{\sum_{i=1}^n g\left(\left\|\frac{x-x_i}{h}\right\|^2\right)} - x\right] \tag{4-36}$$

其中:第二项为 Meanshift 向量,其表达式见式(4-37)。

$$m_{h,g(x)} = \frac{\sum\limits_{i=1}^{n} x_i g\left(\left\|\dfrac{x-x_i}{h}\right\|^2\right)}{\sum\limits_{i=1}^{n} g\left(\left\|\dfrac{x-x_i}{h}\right\|^2\right)} - x \tag{4-37}$$

给定核函数 $G(x)$ 和带宽矩阵 H，可推出 Meanshift 漂移步骤：

① 计算 Meanshit 向量 $m_{h,g}(x)$。

② 将 $m_{h,g}(x)$ 赋值给 x。

③ 若 $\| m_{h,g}(x) - x \| < \varepsilon$，则结束循环，否则跳转到①开始新的循环。

本书中 Meanshift 算法采用 Epanechikov 核函数和 8×8 的窗口幅宽。图 4-12 为局部区域的放大图，显示了选取的种子点以及 Meanshift 得到的分裂片。图 4-13 显示了深度图像上所有种子点 Meanshift 得到的所有分裂片。

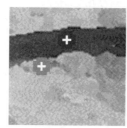

(a)种子生长点　　　(b)种子点Meanshift

图 4-12　Meanshift 分割算法

（3）提取织物表面分裂片

为了进一步利用数据选取基点，原始分裂片需被分类和过滤。在织物基准平面上，基点为织物表面未被绒毛遮挡的像素点。

针对绒毛和织物表面的深度和几何关系，本章提出了法向量方向和深度相结合的分类方法。在起毛起球织物表面的深度场景中，绒毛从织物表面向上突出，因此它和织物表面的几何关系

图 4-13　Meanshift 过分割分裂片

可以分为两部分(图 4-14)。一是支撑区域，也就是绒毛刚伸出织物表面的根部区域，图 4-14 中的 d_1 为此区域与织物表面的深度差。从图 4-14 可以看出，支撑区域与织物表面的深度差小，两者的主要区别在于平面法向量。考虑到织物

表面与水平面有微小夹角,法向量与垂直方向会有微小夹角,但仍然近似垂直于水平面,而绒毛根部区域的法向量与垂直向量有较大夹角,由此可以将织物表面和与表面连接的绒毛分开。二是相互遮挡部分,这发生在绒毛的中部和尾部,在三维场景中绒毛遮挡织物表面,两者深度差异较大。图 4-14 中的 d_2 为该区域与织物表面的深度差,可以看出深度值差异较大,因此可利用深度差异将此区域与织物表面区分。两者结合,可以有效分割织物表面分裂片和绒毛分裂片。

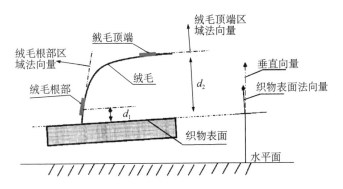

图 4-14　绒毛与织物表面的深度与几何关系

Meanshift 过分割形成的分裂片可以概括为以下几种类型:

① 织物表面分裂片。此类分裂片坐落于织物表面。由于织物表面深度值较低,因此分裂片深度也较低,同时分裂片的平面法向量与水平面近乎垂直。

② 绒毛根部分裂片。此类分类片包含的像素点位于绒毛根部。分裂片空间形态为斜坡型,因此分裂片的平面法向量与垂直向量有较大夹角。

③ 绒毛尾部分裂片。此类分裂片一般在绒毛较长的时候出现。绒毛尾部区域由于重力影响,与织物表面近乎平行,因此此类分裂片与织物表面分裂片的法向量相差不大,但两者有明显深度差。

④ 绒毛中部分裂片。此类分裂片的法向量和深度都与织物表面有明显差异。

⑤ 含噪点分裂片。此类分裂片内织物表面像素点与噪点共存,或绒毛像素点与噪点共存。噪点是深度异常的孤立点,其与周围邻近点有明显的深度变化且幅度较大,因此包含噪点的分裂片内像素点的深度信息波动大,离散度较高。

由于 Meanshift 漂移遇到边缘即终止,因此一块分裂片不可能同时跨越织物表面和绒毛区域,绒毛像素点和织物表面像素点共存的分裂片类型不在本书讨论范围。综上所述,设定分裂片法向量和深度两个参数阈值,可以有效将仅包含织物表面的分裂片与其他几类分裂片区分开来。

假设给定一个非空分裂片 patch_cloud,则该分裂片内所有像素点的位置信息与深度信息已知。由于所有算法操作在深度图像上进行,因此下文将用灰度代替深度,以便于算法的理解。像素点的灰度值越大(0 代表黑色,255 代表白色),代表其深度值越低。具体操作步骤如下:

① 首先计算 patch_cloud 的平均灰度 gray_ave 和灰度方差 gray_dev,依据大量分裂片的形态特征和灰度变化情况给定灰度方差阈值 threshold_dev 过滤含噪点的分裂片类型。过滤后的分裂片效果如图 4-15 所示。

② 对剩下的分裂片,由于分裂片内各像素点的平面坐标(x,y)与灰度(z)已知,通过最小二乘法计算所有分裂片拟合平面,并推导出分裂片的平面法向量 patch_vector。计算该法向量与垂直方向的夹角,给出 1.5°的允许误差,过滤绒毛根部和绒毛中部分裂片。

③ 经过以上两步,只余下两种类型的分裂片:织物表面分裂片与绒毛后半部位的分裂片。两者的主要差异在于深度,也就是灰度。以图 4-16 所示的分类片为例,统计分裂片的灰度分布。

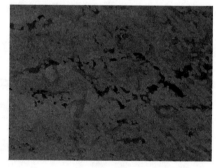

图 4-15 灰度方差过滤后的分裂片　　**图 4-16 平面法向量过滤后的分裂片**

从图 4-17 可以看出,分裂片灰度统计呈多峰结构,在灰度值较高(150 以上)部分有明显峰值。这是因为织物表面分裂片虽然会因为台面倾斜有少许波动,但总体在某个位置集中,而绒毛灰度因绒毛的高度不同各异。从图 4-17 也可以看出,灰度值较高的区域,也就是高度较低的区域,有明显单峰,而低灰度值区域的统计分布波动较大。

为了尽可能保证最终选取织物表面分裂片的准确性,记录了所有波峰的灰度值,取灰度最高(也就是深度最低)波峰所在的波形作为织物表面灰度区间,如图4-17 中 A 到 B 之间的灰度区间,提取区间内的分裂片。提取的织物表面分裂片如图 4-18 所示。

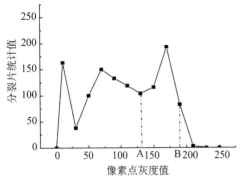

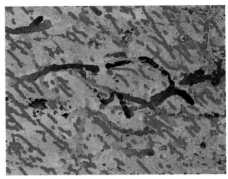

图 4-17　分裂片灰度值分布　　　　图 4-18　织物表面分裂片

（4）采用最小二乘法拟合织物基准平面

分裂片为若干个深度相似的像素点的集合，因此分裂片的三维坐标 $(x,$ $y, z)$ 可由像素点集合的均值得到，提取织物表面分裂片的三维坐标 (x, y, z)，利用最小二乘法建立三维平面方程[11]。织物基准平面的拟合方程如下：

$$z = ax + by + c \tag{4-38}$$

z 值表示织物表面深度，(x, y) 表示载物台面的二维像素点坐标，(a, b, c) 为计算系数。在前文中，为了算法描述方便，z 值用像素点灰度表示，拟合织物基准平面时，将灰度转换为图层数，因此 z 值表示序列图层的编号。将每个织物表面分裂片的三维坐标 (x, y, z) 作为基点，通过最小二乘法计算拟合系数。

假定拟合织物基准平面的平方差为 S，其计算公式如下：

$$S = \sum_{i=1}^{n} (z_i - ax_i - by_i - c)^2 \tag{4-39}$$

其中：(x_i, y_i, z_i) 为各分裂片的三维坐标，$i = 1, 2, \cdots, n$。

利用最小二乘法，也就是保证 S 的最小值，即：

$$\frac{\partial S}{\partial a} = 0; \quad \frac{\partial S}{\partial b} = 0; \quad \frac{\partial S}{\partial c} = 0 \tag{4-40}$$

用三维坐标表示如下：

$$\begin{cases} a\sum_{i=1}^{n} x_i^2 + b\sum_{i=1}^{n} x_i y_i + c\sum_{i=1}^{n} x_i z_i = -\sum_{i=1}^{n} x_i \\[2mm] a\sum_{i=1}^{n} x_i y_i + b\sum_{i=1}^{n} y_i^2 + c\sum_{i=1}^{n} y_i z_i = -\sum_{i=1}^{n} y_i \\[2mm] a\sum_{i=1}^{n} x_i z_i + b\sum_{i=1}^{n} y_i z_i + c\sum_{i=1}^{n} z_i^2 = -\sum_{i=1}^{n} z_i \end{cases} \tag{4-41}$$

上式可转变为矩阵形式：

$$[a \quad b \quad c]^T = K^{-1}Q \qquad (4\text{-}42)$$

其中：

$$K = \begin{bmatrix} \sum_{i=1}^{n} x_i{}^2 & \sum_{i=1}^{n} x_i y_i & \sum_{i=1}^{n} x_i z_i \\ \sum_{i=1}^{n} x_i y_i & \sum_{i=1}^{n} y_i{}^2 & \sum_{i=1}^{n} y_i z_i \\ \sum_{i=1}^{n} x_i z_i & \sum_{i=1}^{n} y_i z_i & \sum_{i=1}^{n} z_i{}^2 \end{bmatrix} ; \; Q = \begin{bmatrix} -\sum_{i=1}^{n} x_i \\ -\sum_{i=1}^{n} y_i \\ -\sum_{i=1}^{n} z_i \end{bmatrix} \qquad (4\text{-}43)$$

通过织物基准平面的拟合方程，能够获得任意平面位置的织物表面深度信息，将该深度信息作为局部阈值，分割绒毛和织物表面得到绒毛图像。值得注意的是，在第三章建立深度图像时，为了增强深度图像中绒毛和织物表面的深度对比，将像素的图层号$[0,60]$投射至灰度空间$[0,255]$时，利用计算图层矩阵的最大图层编号和最小图层编号对图层间灰度差异做了等比例放大。由于不同织物的图层矩阵的最大图层编号和最小图层编号不同，灰度与实际深度的比值不是固定值。然而，采集光学多焦面图层时，织物平台移动的步长是固定的，因此图层间的实际高度差是固定的。所以，本节的深度值指代的是像素点的聚焦图层编号。假定织物基准平面上每个坐标位置的拟合深度值为$z(x, y)(0, 1, 2, \cdots, 60)$，深度图像上像素点的实际深度为$I(x, y)$，图像分割后像素点的深度为$I_s(x, y)$，$I_s(x, y)$，其计算公式如下：

$$I_s(x, y) = \begin{cases} 0 & I_s(x, y) \leqslant Z(x, y) \\ I_s(x, y) - Z(x, y) & I_s(x, y) > Z(x, y) \end{cases} \qquad (4\text{-}44)$$

计算所有像素点的I_s，排列得到最大图层I_s_max和最小图层I_s_min，将$I_s(x, y)$投射到灰度空间的转换公式如下：

$$f(x, y) = 255 - 255 \times (I_s(x, y) - I_s\_min)/(I_s\_max - I_s\_min) \qquad (4\text{-}45)$$

其中：$f(x, y)$表示图像灰度值。

输出的绒毛图像如图 4-19 所示。

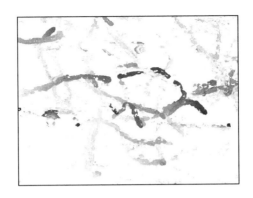

图 4-19　绒毛分割图像

4.4　绒毛和织物本体分割效果评价

为了评价基于织物表面拟合平面图像分割算法的效果，本节利用 Sample 1 到 Sample 5 五个织物样本的深度图像进行统计学测试。

4.4.1　织物基准平面拟合方程的显著性评价

基于织物基准平面的图像分割算法的提出依据在于假设织物表面是一个与水平面有轻微倾斜的平面，即织物表面每个像素点的深度（z）与空间坐标具有线性关系。这里将织物表面分裂片的三维坐标（x，y，z）作为测试值，验证平面坐标（x，y）和深度即 z 的二元回归显著性[12]。它们之间的线性关系如下：

$$\begin{cases} z_i = ax_i + by_i + c + \varepsilon \\ \varepsilon \sim N(0, \sigma^2) \end{cases} \tag{4-46}$$

检验回归系数 a 和 b 是否都为 0，若都为 0，则认为线性关系不显著，若不都为 0，则认为线性关系显著。为此，提出假设：

$$H_0 = a = b = 0 \tag{4-47}$$

使用 F 检验作为假设 H_0 的检验统计量。观测值 F 的计算公式如下：

$$F = \frac{\sum (\hat{z}_i - \bar{z})^2 / m}{\sum (\hat{z}_i - z_i)^2 / (n - m - 1)} \tag{4-48}$$

$$\hat{z}_i = ax_i + by_i + c \tag{4-49}$$

其中：$\bar{z}_i$ 表示深度平均数；$\hat{z}_i$ 为深度拟合值；m 为变量数（本实验中为 2）；n 为测试数据量，即织物表面分裂片个数。

对于给定的显著性水平 α，检验的法则如下：

若 $F \geqslant F_{1-\alpha}(m, n-m-1)$，则拒绝 H_0，认为 z 与 x 和 y 之间有显著的线性关系。

若 $F < F_{1-\alpha}(m, n-m-1)$，则接受 H_0，认为 z 与 x 和 y 之间的线性关系不显著。

将分裂片的三维坐标代入式（4-42），能够计算系数 a，b 和 c 的值。显著性水平 α 取 0.01，通过自由度（$n-m-1$）可查表得到 F 临界值。五个织物样本的拟合方程和 F 值如表 4-1 所示。

表 4-1 中数据显示五个织物样本的 F 值均大于其临界值，因此可以认为织物表面的空间坐标有显著的线性关系，织物表面为平面的假设是合理的。

表 4-1 织物基准平面的显著性检验

织物等级	拟合方程	自由度 $n-m-1$	临界值 $F_{1-\alpha}(m, n-m-1)$	F 值
1	$z = -0.005\,3x + 0.000\,8y + 27.5$	102	3.09	24.22
2	$z = -0.002\,1x + 0.001\,2y + 29.8$	122	3.07	15.63
3	$z = 0.064\,2x + 0.004y + 24.7$	239	3.04	16.57
4	$z = 0.001\,5x + 0.001y + 27.4$	392	3.03	23.19
5	$z = -0.001x + 0.003\,1y + 8$	139	3.06	13.24

4.4.2 织物基准平面拟合方程的准确性评价

为了验证织物基准平面的拟合方程对织物表面深度的预测能力，从五个织物样本的深度图像上人工分散地选取 200 个织物表面分裂片以外的织物表面像素点。该 200 个像素点未参与拟合方程的建立。通过人工选取的 200 个像素点设计实验，计算拟合深度与实际深度的偏差，验证拟合方程的准确性。

记录各观测点的平面坐标 (x, y) 和实际深度 z，并将平面坐标代入拟合方程，计算得到拟合深度。对每幅图像，有两组数据：一组是估计数据 $\hat{z}_i$，$i=1$，2，…，200；一组是真实数据 z_i，$i=1$，2，…，200。对两组数据进行残差分析[13]，残差的计算公式见式（4-50）。图 4-20 为观测点的残差分析结果，可以

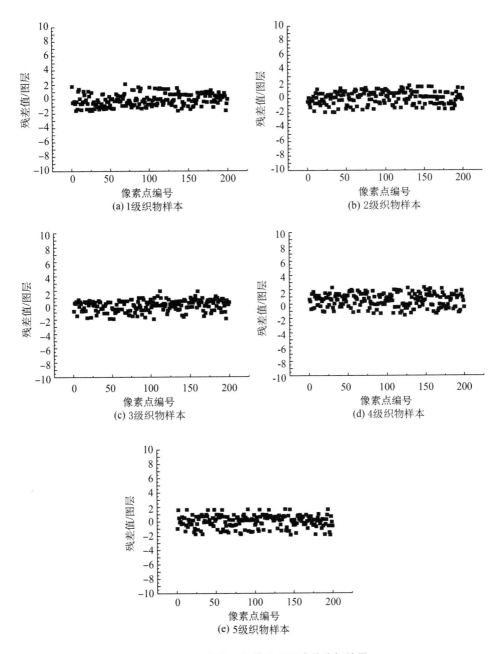

图 4-20 拟合的织物基准平面残差分析结果

看出,五个织物样本的残差均在 0 左右随机波动,并且变化幅度在一条带内,波动范围基本保持稳定。估计标准误差(SEE)为实际值与估计值的平均残差,它是表示估计值相对实际值偏离程度的指标,能用来检验回归方程的准确性。

1 级至 5 级织物样本的图层标准误差和转换为微米单位的标准误差如表 4-2 所示，序列图层之间的深度间隔为 8.86 μm。从表 4-2 可以看出，五个样本的 SEE 值都在 1.5 μm 左右，均小于显微系统的景深 8.86 μm，因此拟合方程对背景点的深度估计误差可以接受。

$$e = \hat{z} - z \tag{4-50}$$

表 4-2　拟合方程估计值残差分析

织物样本	1 级	2 级	3 级	4 级	5 级
SEE（图层）	0.69	0.74	0.64	0.91	0.70
SEE（μm）	1.49	1.59	1.38	1.96	1.51

4.4.3　绒毛和织物本体分割实例

　　五个等级织物样本的深度图像分割结果如图 4-21 所示，从中可以看出，提取的织物表面分裂片均匀分散于织物表面区域，且未跨跃绒毛边界，能准确地代表织物表面。分割图像提取的绒毛信息完整，且以灰度强度保留了绒毛的深度数据。基于提取的绒毛信息，可以进一步获取绒毛的特征参数，导入分类器，完成起毛起球等级评定。

4.5　小结

　　本章介绍了分割绒毛和织物本体的方法。

　　(1) 常用的目标分割技术为边缘检测法和灰度阈值法，本章对这两种技术进行了详细介绍和探讨。样本的分割结果显示边缘算子得不到目标完整封闭的边界，因而无法提取绒毛。同时，由于显微镜的载物平台并不是绝对水平，且平台移动过程中会发生机械振动，载物台相对于水平面会有一定角度的倾斜，因此每个平面位置的织物表面深度均不一致，单一的全局阈值无法满足在消除噪点的情况下完整提取绒毛的要求。

　　(2) 针对图像采集硬件对织物表面深度的影响，介绍了一种基于拟合织物基准平面的图像分割方法。首先通过边缘检测找出绒毛和织物表面的深度不连续边界，基于边界两侧选出不同目标的漂移种子点；第二步利用种子点进行 Meanshift 图像过分割，将深度相似且距离相近的像素点聚类，形成若干过分割分裂片；接下来以分裂片深度和法向量方向为阈值从中提取织物表面分裂片；最后基于织物表面分裂片的空间坐标(x, y)和深度(z)，采用最小二乘法建立

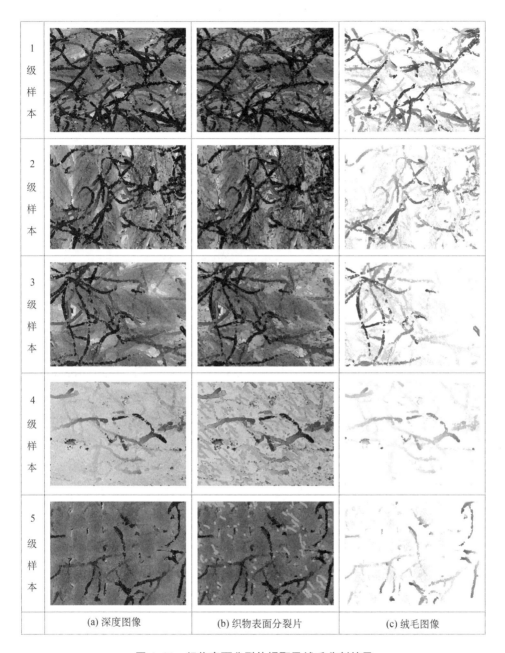

图 4-21 织物表面分裂片提取及绒毛分割结果

织物基准平面的拟合方程。一旦织物基准平面建立起来,任意位置的织物表面深度可通过平面坐标(x, y),利用拟合方程计算得到。像素点深度高于基准面深度则判断为绒毛,等于或低于基准面则判断该点为织物本体。

(3) 对五个等级织物样本的拟合平面统计学实验结果表明:织物表面的平面坐标和深度有显著的线性关系,且拟合的织物基准平面能准确预测织物表面深度,从而正确提取绒毛。

参考文献

[1] Maini R, Aggarwal H. Analyzing roberts edge detector for digital images corrupted with noise [J]. International Journal of Computer and Network Security, 2010, 2(1): 35-40.

[2] Maini R, Sohal J S. Performance evaluation of prewitt edge detector for noisy images [J]. Computer Science, 2006, 6(3): 39-46.

[3] Kittler J. On the accuracy of the Sobel edge detector [J]. Image & Vision Computing, 1983, 1(1): 37-42.

[4] Ding L, Goshtasby A. On the Canny edge detector [J]. Pattern Recognition, 2000, 34(3): 721-725.

[5] Berzins V. Accuracy of Laplacian edge detectors [J]. Computer Vision Graphics & Image Processing, 1984, 27(2): 195-210.

[6] Ulupinar F, Medioni G. Refining edges detected by a LOG operator [J]. Computer Vision Graphics & Image Processing, 1988, 51(3): 202-207.

[7] Vala M H J, Baxi A. A review on Otsu image segmentation algorithm [J]. International Journal of Advanced Research in Computer Engineering & Technology, 2013, 2(2): 387-389.

[8] Dai H T, Tang Z Q, Zhang Z P. Study on image segmention based on mean shift clustering [J]. Communications Technology, 2011, 14(2): 54-59.

[9] Petrus B, Haakan L, Eric A. The estimation of the gradient of a density function[J]. IEEE Transactions in Information Theory With Applications in Pattern Recognition, 1975, 21(1): 32-40.

[10] Cheng Y. Mean shift, mode seeking, and clustering [J]. IEEE Transactions on Pattern Analysis & Machine Intelligence, 1995, 17(8): 790-799.

［11］龚循强，刘国祥，李志林，等. 总体最小二乘拟合问题求解方法的比较研究［J］. 测绘科学，2014，39(9)：29-33.

［12］高正明，赵娟，贺升平. 多项式回归分析及回归方程的显著原图像性检验［C］. 中国核科学技术进展报告，2011.

［13］施亮星，何桢. 残差分析在计量型测量系统分析中的应用［J］. 工业工程，2008，11(3)：108-111.

第五章 基于组合特征和支持向量机的起毛起球自动评级

本章介绍一种织物起毛起球性能的自动评级方法,针对分割出的绒毛图像提取一系列特征参数,并采用支持向量机(SVM)对这些特征参数进行学习训练和分级评价。绒毛的形态特征通常由三个方面的指标描述:密度、面积、高度。这些指标都随着起毛起球等级的提升而增大。在本章节中,提取绒毛的覆盖率、覆盖体积、最大高度、集中高度和粗糙度这五个反映绒毛形态的特征参数。这些参数作为 SVM 分类器的输入,获得织物的分级预测。挑选不同花纹和颜色的棉纤维机织物和针织物图像共 216 幅进行起毛起球等级评价,在网格寻优得到的最优 SVM 分类模型下,起毛起球等级判断的准确性为 89.02%,验证了算法的有效性和鲁棒性。

5.1 训练集

以 72 块不同花纹和颜色的棉纤维机织物和针织物作为样本,针织物纵密在 60～80 线圈/(5 cm),横密在 70～90 线圈/(5 cm);机织物经密为 115～145 根/(5 cm),纬密为 150～180 根/(5 cm)。织物采用圆轨迹起毛起球法生成毛球[1],相应的标准编号是 GB/T 4802.1—2008。基本原理:织物试样按照规定的方法和试验参数,在一定压力下沿圆周运动,先与尼龙刷摩擦起毛,再与织物磨料摩擦起球,或者直接与织物磨料摩擦起毛起球,之后对其起毛起球性能进行视觉评定,评级从 1 级至 5 级,5 级最好,1 级最差。样本按照圆轨迹法摩擦后,每个样品选取 3 个不同位置的检测区域在显微镜下采集图像并提取特征参数,共得到 216 个图像(表 5-1)。

表 5-1　试样准备

织物样本	棉纤维机织物样本图像数	棉纤维针织物样本图像数
1 级	12	12
2 级	18	15
3 级	24	30
4 级	30	36
5 级	24	15

5.2　特征参数提取

特征参数指利用一定的数学方法得到的用于表征起毛起球程度的指标[2]。起毛起球特征提取是将对织物起毛起球程度的人工视觉评价结果分解和量化成若干数学统计指标,供分类器进行学习和分类。在以往的研究中,学者们将毛球的特征参数分为频率域参数和空间域参数。在频率域方法中,研究人员对图像进行傅里叶、Gabor 或小波变换后,选取各个方向分解的子图像的能量特征来表征毛球[3-5]。在空间域方法中,学者们主要选取毛球的形态学特征,集中在毛球的总面积、大小、高度、空间分布和面积标准差等指标上[6-8]。由于本书采用空间域方法提取毛球,并且考虑到与人工视觉评价方法的一致性,将覆盖率、覆盖体积、最大高度、集中高度和粗糙度作为绒毛的特征参数。

在上一章节提取的绒毛灰度图像上提取特征参数。在绒毛灰度图像中,白色像素点为织物表面,灰色像素点为绒毛,深度表示绒毛的高度。首先定义绒毛的高度。在前几个章节中,平面点的深度采用图层序列号表示,而计算特征参数时采用的高度值需考虑到实际空间距离。令图层间的实际深度为 $d(\mu m)$,某平面点 (x,y) 相对于织物表面的深度为 n,则该点的高度计算式如下:

$$h(x,y)=n(x,y)\times d \tag{5-1}$$

5.2.1　覆盖面积

绒毛的覆盖面积是指检测区域中所有绒毛像素点的面积之和,它与图像分辨率和区域大小有关。为了消除检测区域和分辨率的影响,采用绒毛的覆盖率这个相对量来衡量起毛起球程度。其计算式如下:

$$C = \frac{N}{WH} \times 100\% \tag{5-2}$$

其中:C 为覆盖率;N 为区域内绒毛像素点个数;W 为区域宽度;H 为区域长度。

5.2.2　覆盖体积

采用微分的方法计算绒毛的覆盖体积。在深度图像中,最小的离散单元为像素点。绒毛覆盖区域可以通过微分形成若干个长方体,每个长方体以单个像素点为底,绒毛像素点的深度为高。绒毛高度通过式(5-1)计算获得,单位为"μm"。在本书第二章中,已测得单像素点的尺寸为 $2.16\ \mu m$,这里假定像素点为正方形。为了消除区域大小的影响,计算单位面积上的绒毛覆盖体积,其计算公式如下:

$$V = \frac{\sum\limits_{i=1}^{i=W} \sum\limits_{j=1}^{j=H} h_{ij} d^2}{HW} \tag{5-3}$$

其中:V 为绒毛覆盖体积;h_{ij} 为像素点在(i,j)坐标位置的高度;d($= 2.16\ \mu m$)为像素点边长;W 为区域宽度;H 为区域长度。

绒毛覆盖体积的单位是"μm^3"。

5.2.3　最大高度

绒毛的最大高度记为 MH,单位为"μm",为所有绒毛像素点高度 h_i($i = 1$, 2, $\cdots$, N)的最大值。

$$MH = \max\{h_i\},\ i = 1,\ 2,\ \cdots,\ N \tag{5-4}$$

5.2.4　集中高度

集中高度(CH)反映绒毛在高度分布上的峰值。其计算方法:统计各个高度值上的像素点个数 Num_l($l = h_1$, h_2, $\cdots$, h_N),并比较它们的大小,Num_l 最大值所在的高度即集中高度。

5.2.5　粗糙度

粗糙度(Rou)定义为检测区域内所有像素点的高度方差。

$$Rou = \frac{\sqrt{\sum\limits_{i=1}^{W}\sum\limits_{j=1}^{H}(h_{ij}-\bar{h})^2}}{HW} \tag{5-5}$$

其中:h_{ij} 为像素点在 (i,j) 坐标位置的高度;$\bar{h}$ 表示检测区域内所有像素点的平均高度。

5.3　检测区域大小设定

为了使织物上的绒毛能清晰地显示在图像中,图像采集装置采用 4 倍物镜以放大目标。然而在显微镜下,目标放大势必会造成视野面积减小。在本书中,采集的图像规格为 800 像素×600 像素,像素点大小为 2.16 μm,单个视野的实际面积约为 22.3×10^5 μm^2。一般来说,毛球面积在 0.3×0.3 mm^2 以上[9],通过换算,毛球点图像的大小约为 135 像素×135 像素。因此,若以单个视野作为检测区域,会因为采样面积过小而增加毛球出现的随机性,导致算法稳定性和鲁棒性较差。采用若干个相邻视野拼接的方法能扩大检测区域,从而提高算法的稳定性,然而,这会成倍地增加图层采集次数和图像处理算法的运行次数。为了在算法的稳定性和效率之间得到平衡,这里设计实验,探讨用于拼接成检测区域的视野个数。

算法稳定性用上述五个特征的变异系数表示。在同一块织物上随机选取 10 个检测区域,对它们分别提取特征参数,计算其变异系数。设各个区域提取的某个特征参数为 $x_i(i=1,2,\cdots,10)$,则其变异系数(CV)的计算式如下:

$$CV = \frac{\sqrt{\dfrac{1}{N}\sum\limits_{i=0}^{N}(x_i-\bar{x})^2}}{\bar{x}} \tag{5-6}$$

其中:N 表示检测区域个数,本式中 $N=10$;$\bar{x}$ 表示特征参数的均值。

每个检测区域包含的视野个数为 1、4、6、8、10、12、16、20、24、25。各特征参数的变异系数如图 5-1 所示。

从图 5-1 可以看出,当检测区域为 1 个视野时,各特征参数的变异系数都很高,大部分集中在 0.2～0.4,其中集中高度的变异系数在 1.0 左右。这说明当检测区域为 1 个视野时,不同检测位置提取的特征参数之间的差异较大,算法的稳定性较低,即在单个视野下采集的织物图像无法代表整块织物的起毛起球程度。随着检测区域的增大,各特征参数的变异系数出现较小的波动,但整体处于下降的趋势。

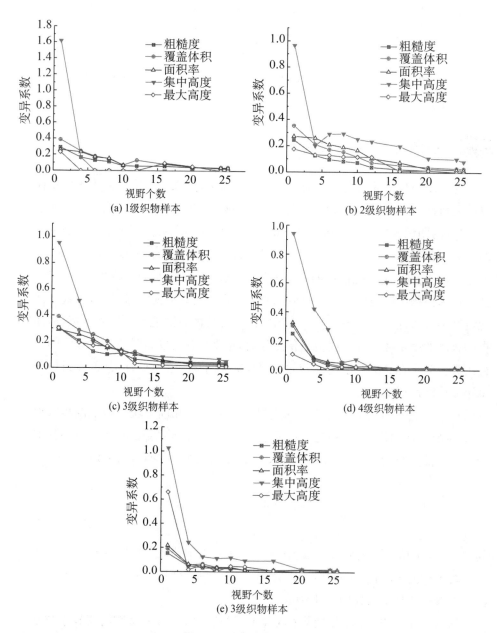

图 5-1　特征参数的变异系数

　　对于 1 级织物样本,当检测区域大小在 16 个视野以上时,各特征参数的变异系数均降至 0.1 以下;当检测区域包含 20 个以上的视野时,变异系数均降至 0.05 以下,并趋于稳定。对于 2 级织物样本,集中高度的变异系数较大,当检测区域为 20 个视野以上时才降至 0.1,之后稳定在 0.1 左右;其余特征参数的变异系数在 20 个视野时均低于 0.04,25 个视野时降至 0.03 以下。对于 3 级织物样本,当检测区域大于 16 个视野时,各特征参数的变异系数均降至 0.1 以下;大于 20 个视野时,覆盖率、覆盖体积、最大高度和粗糙度的变异系数低于 0.05,而集中高度的变异系数在 25 个视野时才降至 0.05。对于 4 级织物样本,各特征参数在 8 个视野组成的检测区域下变异系数均小于 0.05,之后在 0.03 左右波动。对于 5 级织物样本,集中高度的变异系数随着检测区域的增大而大幅下降,然而在小于 12 个视野时高于 0.1,大于 20 个视野时低至 0.02,其余特征参数的变异系数在 8 个视野后降至 0.05 以下,12 个视野之后保持稳定并处于 0.02 左右。

综上所述,五个等级的织物样本的特征参数在检测区域为 20 个视野以上时稳定性较好,变异系数基本在 0.05 以下,只有 3 级织物样本的集中高度在 25 个视野时变异系数才降至 0.05 以下。考虑到检测面积增加五个视野,会大幅增加算法的计算量和运行时间,且 20 个视野时 3 级样本织物的集中高度的变异系数在 0.1 以下,因此选择 20 个视野拼接而成的区域作为起毛起球的检测区域。

5.4　基于支持向量机的评级方法

5.4.1　支持向量机原理

支持向量机(SVM)[10-12]利用非线性映射将输入向量映射到一个高维特征空间,然后在该空间中构造一个最优超平面来逼近目标函数。SVM 属于监督学习算法,其目标是找到合适的分类超平面,将核函数映射后的两类数据尽可能地分开。SVM 分类示意图如图 5-2 所示。

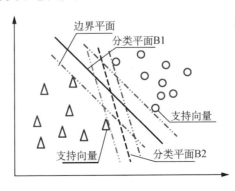

图 5-2　基于支持向量机的二分类示意图

根据最大边缘原理,分类平面 B_1 优于分类平面 B_2。直觉解释是如果边缘比较小,决策边界的任何轻微扰动都可能对分类产生显著的影响,对模型的过分拟合更加敏感,从而在未知样本上的泛化能力差。然而事实上,利用复杂模型拟合有限样本,会导致学习机器在泛化能力上的缺失。因此,最大边缘原理是基于最小泛化误差而来的。为了保证对新样本分类预测的错误率最小,支持向量的个数越少越好,而边界平面的宽度越大越好。

假设 SVM 的超平面模型定义为:

$$\vec{w} \cdot \vec{x} + b = 0 \tag{5-7}$$

上、下两个边界平面分别定义为:

$$\begin{cases} \vec{w} \cdot \vec{x} + b = 1 \\ \vec{w} \cdot \vec{x} + b = -1 \end{cases} \tag{5-8}$$

则对于某一预测向量 $\vec{x}$,其判别函数 $f(\vec{x})$ 定义如下:

$$f(\vec{x}) = \begin{cases} 1, & \vec{w} \cdot \vec{x} + b \geqslant 1 \\ -1, & \vec{w} \cdot \vec{x} + b \leqslant -1 \end{cases} \tag{5-9}$$

上述条件可改写如下:

$$y_i(\vec{w} \cdot \vec{x}_i + b) \geqslant 1 \tag{5-10}$$

其中:$y_i = f(i)$。

基于分类间隔最大化构造最优超平面,因此对超平面求解的模型为:

$$\min_{\vec{w},b} \frac{1}{2} \parallel \vec{w} \parallel^2 \tag{5-11}$$

$$\text{s. t. } y_i(\vec{w} \cdot \vec{x}_i + b) \geqslant 1$$

上述模型中,目标函数 $\parallel \vec{w} \parallel$ 是二次函数,而约束条件是一次函数,该问题属于二次优化问题。对于此类问题,存在超平面参数 $\parallel \vec{w} \parallel$ 的全局最优解。对于这样一个带约束条件为不等式的条件极值问题,引用拉格朗日乘子理论进行求解:

$$L_p(\vec{w}, b, a) = \frac{1}{2}(\vec{w} \cdot \vec{w}) - \sum_{i=1}^{l} a_i \{y_i[(\vec{w} \cdot \vec{x}_i) + b] - 1\} \tag{5-12}$$

得到:

$$\vec{w}^* = \sum_{i=1}^{l} y_i a^* x_i \tag{5-13}$$

其中：$x_i(i=1, 2, \cdots, l)$ 为支持向量；$y_i(i=1, 2, \cdots, l)$ 为支持向量的类别。

转换成对偶问题，即求下列函数的最大值可解出 a^*：

$$Q(a) = \sum_{i=1}^{l} a_i - \frac{1}{2} \sum_{i, j=1}^{l} \left[a_i a_j y_i y_j (\vec{x}_i \cdot \vec{x}_j) \right] \tag{5-14}$$

$$\text{s.t.} \sum_{i=1}^{l} y_i a_i = 0 \quad a_i \geqslant 0, \quad i=1, 2, \cdots, l$$

5.4.2　支持向量模型优化

SVM 模型优化包括核及相关参数的选择、正则化参数的选择及损失函数的选择等。Vapnik 等[13]在研究中发现，不同的核函数对 SVM 的性能影响不大，而 SVM 算法的准确性很大程度上依赖于分类参数的选择。因此，核参数 γ 和惩罚因子 C 的选择至关重要。目前较常使用的是网格寻优法，即将 γ 和 C 在一定范围内划分网格，遍历网格中所有参数，获得各个参数下交叉训练的分类准确率，最终获得最佳参数。在本书中，参数值的预选范围设定为 $\gamma = 2^{-15}$，$2^{-14}, \cdots, 2^{14}, 2^{15}, C = 2^{-15}, 2^{-14}, \cdots, 2^{14}, 2^{15}$。为了直观地表述寻优结果，生成各个参数下的交叉训练结果三维示意图，即图 5-3。在该图中，x 轴坐标表示 γ，y 轴坐标表示 C，z 轴坐标表示训练结果。

三维图展示不同的 γ 和 C 组合下的分类准确率。从图 5-3 可以看出，SVM 的最大准确率为 89.2%，该准确率在 $(\gamma, C) = (2^{-10}, 2^{-13})$ 或 $(\gamma, C) = (2^9, 2^4)$ 等组合下可以获得。

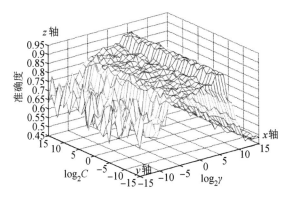

图 5-3　支持向量模型网格寻优结果

5.4.3　分类器准确性评价

交叉验证是检验分类器精确性的主要方法。交叉验证的主要思想是将原始数据分为两组：一组是训练数据；一组作为验证数据。首先对训练数据进行训练，建立 SVM 分类模型，随后将分类模型用于验证数据组，测试分类模型的准确性。在本书中，采用 v-fold 交叉训练法[14]，即将样本集平分为 v 个子集，每个子集轮流做一次测试集，余下子集作为训练集建立 SVM 模型，对测试集进行预测。这样，在 v-fold 交叉训练中，每个样本将得到一次预测，整体样本的准确度即为预测正确样本所占的百分比。

交叉验证的优点在于能够避免过分拟合。在执行 v-fold 交叉训练法过程中，将 216 个图像中提取的 216 组特征参数作为全样本集，并将此样本数据平分成 12 个子集，每个子集包含 18 组特征参数。首先，留下一个子集，将其余子集采用 SVM 分类法进行训练，获得 SVM 分类模型；接着，将留下子集中的特征参数放入训练好的 SVM 模型，预测起毛起球等级。下一次测试则选择已测试子集外的另一个子集作为测试集，其余 11 个子集作为训练集获得一个新的 SVM 分类模型，将此模型应用于子集的特征参数测试，预测当前子集的起毛起球等级。在交叉训练中，共进行 12 次分类模型的训练，所有子样均被输入 SVM 模型预测毛球等级。交叉训练结束后，216 组样本中每组样本均得到起毛起球等级的预测值，将预测值与人工目测结果进行比较。若机器评定等级与人工目测等级一致，则认为预测值是正确的。依据网格寻优得到的最佳参数建立分类模型，经过 SVM 分类器的交叉验证，起毛起球等级判断的准确性为 89.02%。

5.5　织物起毛起球评级系统的功能实现

本书第二章介绍了本系统采用的硬件和软件环境，第三到五章阐述了自动评级系统各算法的实现方案。本节将详细介绍系统的各功能和实现步骤。图5-4显示了起毛起球自动评定系统的界面。平台控制窗口负责载物台的三轴移动和设定参数下的全自动扫描。图像处理窗口主要负责预处理、深度重建和绒毛与织物表面分割。自动评级窗口实现两个功能：一是对已知起毛起球等级的样本织物的学习训练，以建立分类模型；二是对待检测织物的起毛起球自动评级。

织物起毛起球系统评价系统的算法流程如图 5-5 所示。对于一块待检测的织物样本，首先控制平台沿 x、y 轴方向移动到指定视野，然后平台沿 z 轴方

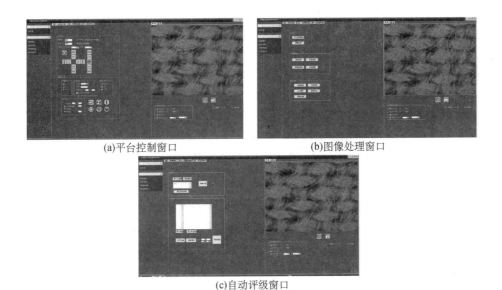

(a)平台控制窗口 (b)图像处理窗口

(c)自动评级窗口

图 5-4 起毛起球自动评级系统界面

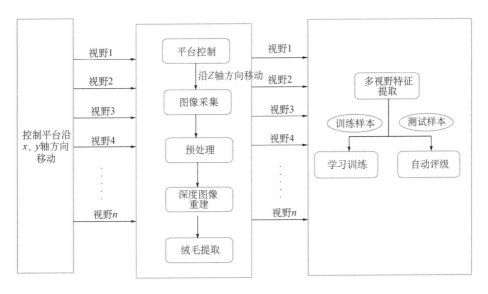

图 5-5 织物起毛起球自动评级算法流程

向移动,同时采集序列多焦面图层,摄像头将图层数据输入计算机,经预处理、深度重建和分割绒毛,系统保存当前视野下的绒毛深度信息;接下来,控制平台沿 x、y 轴方向移动至下一视野,经图像采集和图像处理后,系统保存当前视野下的绒毛深度信息。依次循环进行,当 20 个视野的绒毛信息采集完毕后,提取覆盖率、覆盖体积等五个特征参数,输入系统内置的 SVM 分类模型进行自动评级。经测试,完成一个织物样本的检测大概需要 30 min。

5.6 小结

(1) 五个特征评价参数:覆盖率、覆盖体积、最大高度、集中高度和粗糙度。针对显微镜视野较小的特殊性,采用多个视野拼接成织物起毛起球的检测区域。不同大小的检测区域下特征参数的变异系数显示,由 20 个视野拼接而成的检测区域能保证各特征参数的稳定性。

(2) 首先通过网格获得最优 SVM 分类模型,实验结果显示在 $(\gamma, C) = (2^{-10}, 2^{-13})$ 或 $(\gamma, C) = (2^9, 2^4)$ 等组合下,SVM 分类模型能取得最大准确率。通过 v-fold 交叉训练法验证自动评级算法的准确性,起毛起球等级判断的准确率达到 89.02%。

(3) 介绍了织物起毛起球系统的功能实现。软件界面由三个窗口实现自动评级:平台控制窗口、图像处理窗口和自动评级窗口。对于一块待检测的织物试样,首先控制平台沿 x、y 轴方向移动到指定视野,然后平台沿 z 轴方向移动,同时采集序列多焦面图层,经图像处理后,系统保存当前视野下的绒毛深度信息;接下来控制平台沿 x、y 轴方向移动至下一视野,经图像采集和图像处理后,系统保存当前视野下的绒毛深度信息。依次循环进行,当 20 个视野的绒毛信息采集完毕后,提取覆盖率、覆盖体积等五个特征参数,输入系统内置的 SVM 分类模型进行自动评级。经测试,完成一个织物样本的检测大概需要 30 min。

参考文献

[1] 孙学志,刘强,陈春义. 服装起毛起球标准及质量解析 [J]. 江苏纺织,2012,11(3):47-50.

[2] 高卫东. 基于图像分析的织物起毛起球自动评级研究 [D]. 上海:东华大学,2011.

[3] Jing J F, Zhang Z Z, Kang X J, et al. Objective evaluation of fabric pilling based on wavelet transform and the local binary pattern [J]. Textile Research Journal,2012,82(18):1880-1887.

[4] Feng Y Q, Hu J L, George B. Pilling segmentation for objective pilling evaluation [J]. Journal of Donghua University(English Edition),2004,21(3):107-110.

［5］敖利民，张林彦，郁崇文. 基于布面毛羽特征参数测试的织物抗起球性客观评价［J］. 纺织学报，2013，34(11)：54-61.

［6］Guan S，Shi H，Qi Y. Objective evaluation of fabric pilling based on bottom-up visual attention model［J］. Journal of the Textile Institute，2016(4)：1-9.

［7］Jung M H，Rhodes P A，Clark M. Objective evaluation of fabric pilling using digital image processing［C］. Congress of the International Colour Association，2013.

［8］Liu X，Han H，Lu Y，et al. The evaluation system of fabric pilling based on image processing technique［C］. International Conference on Image Analysis and Signal Processing，2009.

［9］陈霞，李立轻，等. 织物图像中起球特征值的提取与分析［J］. 东华大学学报(自然科学版)，2008，34(1)：48-51.

［10］Ben D，Mezghani A，Boujelebene S Z，et al. Evaluation of SVM kernels and conventional machine learning algorithms for speaker identification［J］. International Journal of Hybrid Information Technology，2010，3(3)：23-29.

［11］Boser B E，Guyon I M，Vapnik V N. A training algorithm for optimal margin classifiers［C］. Proceedings of Annual Acm Workshop on Computational Learning Theory，1996.

［12］Yuan R，Li Z，Guan X，et al. An SVM-based machine learning method for accurate internet traffic classification［J］. Information Systems Frontiers，2010，12(2)：149-156.

［13］Vapnik V. SVM method of estimating density，conditional probability，and conditional density［C］. IEEE International Symposium on Circuits and Systems，2000.

［14］Kalyani S，Swarup K S. Static security assessment in power systems using multi-Class SVM with parameter selection methods［J］. International Journal of Computer Theory & Engineering，2013，5(3)：465-471.

第六章 织物起毛起球性能随摩擦转数变化的动态表征

前几章介绍了起毛起球的自动评级系统,本章将利用自制的自动评级系统针对起毛起球性能的评价方式展开探讨。目前对织物起毛起球的评价为依据标准,将织物在起毛起球仪器上摩擦规定转数,通过分析织物表面起毛起球状况评定等级。然而,起毛起球是一个随摩擦转数变化的动态过程,评级方法只能评价某一时刻的起毛起球状态,无法全面得描述整个过程。为此,本章主要介绍起毛起球随摩擦转数变化的动态表征。设定摩擦观测点,选择棉纤维机织物和针织物作为观测样本,在各摩擦转数下观察绒毛集聚形态;计算覆盖面积率、覆盖体积和粗糙度三个特征参数以及自动评定起毛起球等级。将三个特征参数与等级随摩擦转数变化的曲线作为表征指标,动态描述起毛起球的整个过程。

选择纵密 60 线圈/(5 cm)、横密 70 线圈/(5 cm)的棉纤维针织物样本和经密 140 根/(5 cm)、纬密 180 根/(5 cm)的棉纤维机织物样本各一块。织物样本在参照 GB/T 4802.2 的马丁代尔起毛起球仪上进行实验[1-2]。由于实际服用过程中,织物起毛起球主要由于摩擦,因此磨头采用与样本相同的织物。设立 18 个观测点,各观测点的摩擦转数分别为 30、60、125、200、275、350、500、1 000、2 000、3 000、4 000、5 000、7 000、8 500、10 000、11 500、13 000、15 000。由于摩擦过程中针织物样本在摩擦 10 000 转后毛球已明显脱落,因此针织物样本摩擦至 10 000 转即停止。

6.1 绒毛表观形态的观察

对织物经过不同转数的摩擦后,通过显微镜 4 倍物镜放大,观察绒毛集聚形态。图 6-1 中:(a)系列为显微镜下观察到绒毛比较集中的聚焦位置采集的图像,其显示了某一聚焦平面的绒毛集聚情况;(b)系列是由序列多焦面图层重建的深度图像,其显示了所有绒毛的分布和高度。实际上,织物表面的起毛起球过程宏观上是整体趋势,而从局部理解,织物表面各个区域可能经历不同的阶段,如摩擦4 000转时,织物表面视野 A 的毛球已经脱落,而视野 B 正在经历毛球生长阶段。因此,下文的图示为各摩擦转数下具有代表性的聚焦图层和深度图像,代表对应时间点观察到的视野中大部分区域的起毛起球阶段,而不是所有位置的起毛起球阶段。

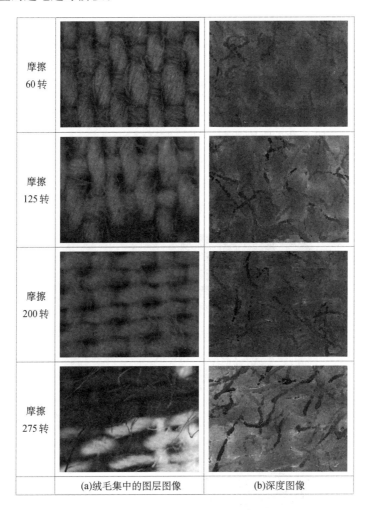

图 6-1　机织物样本绒毛形成阶段

6.1.1　机织物样本

（1）绒毛形成

摩擦60转后织物表面开始有少量的绒毛伸出。随着摩擦转数的增加,新的绒毛逐渐产生,绒毛露出织物表面的部分也在增加。从摩擦125转的深度图像可以看出,此时绒毛与织物表面的距离较近,绒毛位置较低。继续摩擦织物,摩擦200转后,相近的绒毛开始相互靠近,并交叉纠缠。摩擦275转后,绒毛高度明显增长,从深度图像可以看出绒毛明显变深。摩擦350转后,绒毛继续纠缠,初步形成毛球,此时绒毛大面积增加,分布范围广泛且均匀,然而深度图像却显示绒毛高度降低,这是因为绒毛之间的相互纠缠造成纤维发生卷曲弯折。

（2）毛球生长（图6-2）

织物表面摩擦500转后,相近的若干绒毛相互缠结形成较小毛球,从图层图像观察到,此时毛球较松散,绒毛的活动空间较大,同时织物表面仍有大量游离的绒毛,该阶段为绒毛刚刚成球阶段。继续摩擦,1 000转后,更多的绒毛参与成球,球体增大,形成蓬松的大毛球,此时球体内绒毛可活动的空间较大,游离绒毛的数量迅速减少。随着毛球不断的摩擦扭转,绒毛在外力作用下由毛球顶端向下坍塌,毛球密度增加,体积减小。

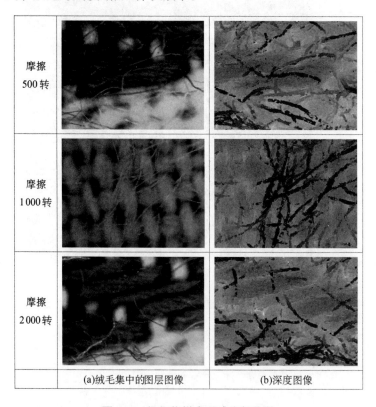

摩擦 500 转		
摩擦 1 000 转		
摩擦 2 000 转		
	(a)绒毛集中的图层图像	(b)深度图像

图6-2 机织物样本毛球生长阶段

（3）平台期（图6-3）

摩擦3 000转后，呈现出毛球脱落的迹像，织物表面散乱分布着绒毛，绒毛上明显有断裂后的断口，且绒毛长度小于成球时的长度。摩擦4 000转后，绒毛突出织物表面的部分增加，覆盖面积也增加。摩擦5 000转后，绒毛大面积增加，并局部交叉缠绕。摩擦8 500转后，形成体积较大的毛球。Cooke[3]的起毛起球模型中，毛球生长是一个交替过程，也就是说，在毛球生长的过程中，会有一段平台期，第一轮毛球脱落后，散落的纤维开始进入毛球生长过程。这与Cooke的理论吻合。

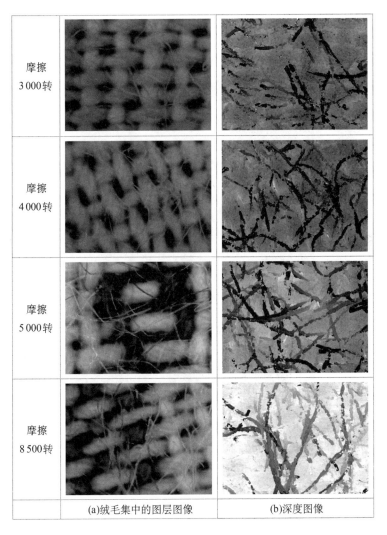

图6-3　机织物样本二次起毛起球阶段

（4）毛球脱落（图 6-4）

摩擦 10 000 转后，毛球体积减小，毛球内绒毛仅仅在毛球顶端弯曲纠缠，其他部位的自由空间较大，且呈直线状态。当摩擦 13 000 转后，绒毛覆盖面积大幅减小，绒毛顺直，在交叉点处重叠交叉，而不是弯曲缠绕。摩擦 15 000 转后，绒毛脱落，织物表面留下少量绒毛。在毛球脱落阶段，绒毛均呈顺直、不弯曲的形态，且绒毛呈扇状朝着一个方向集中。产生这种现象的原因是在起毛起球后期，随着磨料的摩擦，毛球缠结越来越紧，毛球内绒毛同时受到向上抽拔的摩擦力和向下的应力，绒毛呈拉直状态。当摩擦力大于应力时，绒毛断裂，毛球脱落；当应力足够大时，它会将整根绒毛从织物内部抽出，毛球同样脱落[3]。

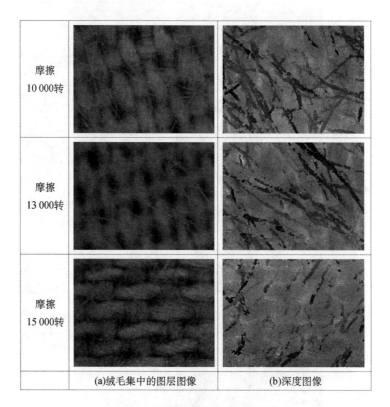

图 6-4　机织物样本毛球脱落阶段

6.1.2　针织物样本

（1）绒毛生长（图 6-5）

针织物样本几乎没有绒毛形成的阶段，在起毛起球初期，摩擦 30 转后，表面即产生明显的绒毛,并初步纠缠。

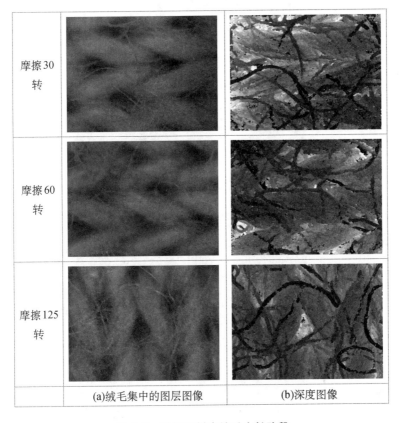

<table>
<tr><td>摩擦30转</td><td></td><td></td></tr>
<tr><td>摩擦60转</td><td></td><td></td></tr>
<tr><td>摩擦125转</td><td></td><td></td></tr>
<tr><td></td><td>(a)绒毛集中的图层图像</td><td>(b)深度图像</td></tr>
</table>

图 6-5　针织物样本绒毛生长阶段

(2) 毛球生长(图 6-6)

摩擦 200 转后,表面形成较小的毛球。摩擦 275 转之后,表面绒毛弯曲缠绕,基本形成球状,此时的毛球蓬松,绒毛之间空隙较大。继续摩擦至 350 转后,卷入毛球的绒毛增多,毛球体积增大,然而毛球依旧蓬松,绒毛之间的连接点较少且纠缠不紧密。摩擦 500 转后,毛球高度明显增加,绒毛在毛球的最高处纠缠紧密,从图 6-6 可以看出,毛球周围游离的绒毛也随着毛球的扭转被卷入毛球,这些绒毛与毛球内部的绒毛有轻微缠绕但不紧密。摩擦2 000 转时,毛球高度降低,这是因为随着继续摩擦,毛球底部的绒毛发生扭转、弯曲和纠缠,从而使毛球顶部向下坍塌,深度图像显示毛球体积减小,密度增大,绒毛间弯曲缠绕得更紧密。摩擦至 4 000 转时,毛球体积更小,毛球内绒毛纠缠得非常严实。

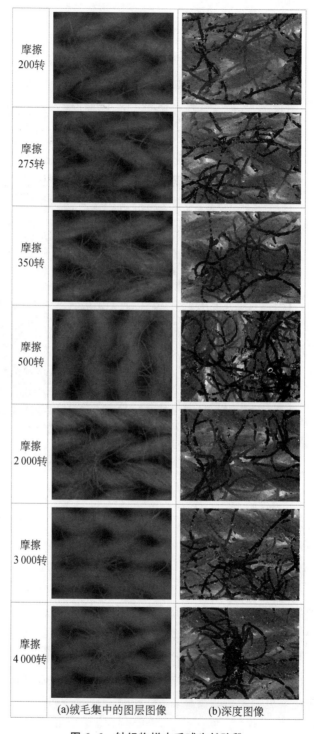

摩擦 200转		
摩擦 275转		
摩擦 350转		
摩擦 500转		
摩擦 2 000转		
摩擦 3 000转		
摩擦 4 000转		
	(a)绒毛集中的图层图像	(b)深度图像

图6-6　针织物样本毛球生长阶段

（3）毛球脱落阶段

图 6-7 表示摩擦 5 000～9 000 转时织物表面的光学形态。从此图可以看出，当摩擦 5 000 转后，绒毛排列杂乱，绒毛的缠绕变得松散。摩擦 7 000 转后，绒毛几乎不弯曲，在交叉处相互交错但无弯曲缠绕，且绒毛大部分沿同一方向呈扇形排列。摩擦 10 000 转后，织物表面较高的绒毛数量减少，剩下少量短绒。针织物样本的绒毛在毛球脱落阶段也出现了"拉直"的现象。

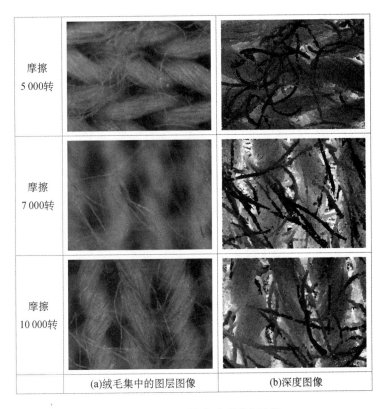

图 6-7　针织物样本毛球脱落阶段

6.2　起毛起球特征参数曲线的建立

在常用的方法中，往往选用毛球个数和毛球质量绘制起毛起球曲线。一方面，从织物上剪下毛球的过程有较强的不确定性，容易增加评价参数的误差，且事实上，起毛起球的本质应该还包括绒毛及毛球的平面大小与分布、毛球高度等。本节针对各摩擦转数下的织物，在显微镜下采集图层图像，并重建深度图像,采用 20 个视野的检测区域,提取绒毛和毛球的覆盖面积、覆盖体积和粗糙度三个参数,用于评价起毛起球各阶段织物表面的起毛起球程度。

6.2.1 绒毛覆盖率

绒毛的覆盖率按式(5-2)计算。织物表面覆盖着绒毛和毛球,当绒毛数量增多、绒毛露出织物表面部分增加时,覆盖率会增大,而绒毛交叉缠绕成球时覆盖率会下降。覆盖面积与摩擦转数之间的关系如图 6-8 所示。从此图可以看出,机织物样本的覆盖面积在起毛起球初期增长迅速,此时织物表面在快速积累绒毛,在 1 000 转时开始下降,2 000 转时达到谷底,推断此时织物表面的绒毛开始纠缠成球。3 000 转时覆盖率开始回升,产生这种现象的原因可能是产生新的绒毛、球体增长或球体解散,结合显微镜下采集的图像,推测此时大量成熟的毛球脱落,断裂的绒毛散乱分散在织物表面,同时产生新的绒毛。4 000 转后上升速率加快,这一阶段织物表面重新聚集大量绒毛,5 000 转时再次达到极值点后覆盖率开始出现下降趋势。在分析光学图像和深度图像时,参照 Cooke 的理论,机织物样本在毛球脱落后会开始一轮新的起毛起球循环。因此 5 000 转后绒毛开始聚集形成毛球,11 500 转后覆盖面积下降速率增加,此时毛球开始脱落。

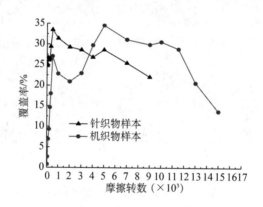

图 6-8　覆盖率与摩擦转数的关系曲线

针织物样本的覆盖面积在起毛起球初期已经较高,这表明针织物样本较易生成绒毛,摩擦 1 000 转时达到峰值,后持续下降,织物表面的毛球开始形成和生长。摩擦 5 000 转时,覆盖率略微上升,后继续下降。结合图层图像,推测5 000 转之前的覆盖率下降是由绒毛抱团成球引起的,而 5 000 转之后是绒毛脱落造成了覆盖率下降。5 000 转时覆盖率略微上升的原因可能是毛球顶端脱落后断裂的绒毛杂乱排列,也可能是由紧密的毛球解散引起的。

6.2.2　绒毛覆盖体积

当绒毛从织物内部抽出或者毛球增长时,宏观上织物表面的覆盖体积会增加,而绒毛相互缠绕、毛球坍塌、毛球脱落及绒毛脱落会引起覆盖体积下降。覆盖体积随摩擦次数变化的关系曲线如图 6-9 所示。从图 6-9 可知,机织物样本在 2 000 转之前,随着摩擦转数的增加,覆盖体积增加,而增加幅度逐渐降低。这一阶段主要是起毛和成球阶段,摩擦次数增加,绒毛量增加,绒毛也逐渐生长,在起毛阶段后期,绒毛相互靠近缠绕会使绒毛的顶端向下弯曲,这会降低覆盖体积,因此这一阶段的覆盖体积曲线的斜率是逐渐降低的。摩擦 3 000 转时表面毛球大量脱落,覆盖体积也随之降低。根据上文的分析,这之后机织物样本面料开始新一轮的起毛起球过程,覆盖体积在这一阶段呈上升趋势,但中间有明显波动。在此期间,织物表面绒毛数量大量增加、绒毛缠绕、毛球增长和毛球坍塌都会引起覆盖体积的起伏,覆盖体积在11 500 转时达到峰值,之后迅速减小。

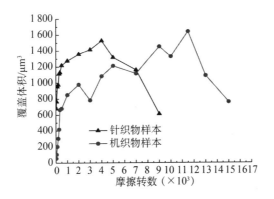

图 6-9　覆盖体积与摩擦转数的关系曲线

针织物样本在 4 000 转之前,覆盖体积随着摩擦次数的增加呈上升趋势,且500 转之前的曲线斜率明显大于 500 转之后的,此阶段绒毛的数量和高度不断增加。1 000 转之后,体积较大的毛球开始形成,随着毛球扭转和摆动,游离的绒毛不断被卷入毛球。这一阶段对覆盖体积影响的因素较多,毛球的增长及织物表面不断新产生的绒毛会使覆盖体积增加,而绒毛缠绕会降低绒毛的覆盖体积。在此阶段,覆盖体积增长幅度降低,可能受到了绒毛缠绕的干扰。4 000转之后,毛球脱落,呈下降趋势。5 000 转时,覆盖率略微上升,原因可能是毛球顶端脱落后断裂的绒毛杂乱排列,也可能是紧密的毛球解散。如果是紧密的毛球解散,那么绒毛被压弯的顶端会释放出来,覆盖体积应该会略微上升,而实际上覆盖体积呈下降趋势,因此在此阶段,应该是毛球顶端从织物表面脱落。

6.2.3 粗糙度

由于粗糙度与织物的起毛起球程度呈正相关关系,织物起毛起球表现为表面粗糙度增加,很多文献[4-6]将粗糙度作为评价织物起毛起球程度的重要指标。机织物样本的粗糙度与摩擦转数的曲线和覆盖体积基本一致。在起毛起球初期快速增长,但增长速率减慢。在第一次毛球脱落时粗糙度骤减,接着开始新一轮增长,毛球脱落阶段,粗糙度下降。针织物样本摩擦 4 000 转后,粗糙度骤升。毛球体积和密度到达峰值后迅速脱落,粗糙度同时下降。

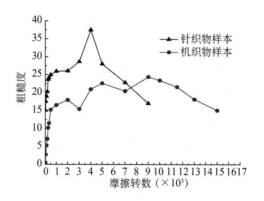

图 6-10   粗糙度与摩擦转数的关系曲线

6.3 起毛起球等级曲线的建立

依然选用上文的棉纤维机织物样本和棉纤维针织物样本,参照 GB/T 4802.2 在 YG401E 型马丁代尔测试仪上进行试验。磨头采用与样本相同的织物。棉纤维机织物样本设立 18 个观测点,各观测点的摩擦转数分别为 30、60、125、200、275、350、500、1 000、2 000、3 000、4 000、5 000、7 000、8 500、10 000、11 500、13 000、15 000。由于摩擦过程中,针织物样本在摩擦 10 000 转后毛球已明显脱落,因此棉纤维针织物样本设立 15 个观测点:0、60、125、200、275、350、500、1 000、2 000、3 000、4 000、5 000、7 000、8 500、10 000。

将织物样本在各观测转数下摩擦后,经评级系统定量计算织物的起毛起球等级,建立等级与摩擦转数关系的起毛起球曲线,并与人工目测等级进行对比。各摩擦状态下机织物样本的计算机评定和人工检测等级如图 6-11 所示,针织物样本的起毛起球曲线如图6-12所示。

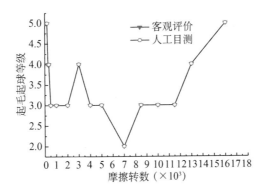

图 6-11　机织物样本在各摩擦转数下的起毛起球等级

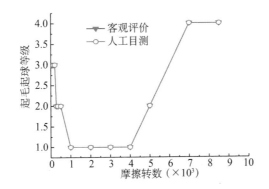

图 6-12　针织物样本在各摩擦转数下的起毛起球等级

从图 6-11 和图 6-12 可知,机织物样本和针织物样本的起毛起球程度均经历了上升、平台期和下降阶段(起毛起球等级下降反映起毛起球程度加重)。其中机织物样本的曲线在平台期出现了较小波动,起毛起球呈短暂下降的现象,这是因为机织物样本经历了两次起毛起球阶段,第一次成球后毛球脱落,之后绒毛重新生长。

图 6-11 和图 6-12 的曲线表明,机织物样本和针织物样本的客观起毛起球等级评定与人工目测的等级均一致。从图中亦可得知,织物的起毛起球等级在整个过程中是随摩擦转数动态变化的。目前的起毛起球评价方法为将织物在标准转数下进行摩擦后,评定起毛起球等级,这种方法无法完全描述起毛起球的整个过程。从图中看出,针织物样本起毛起球速度快、程度严重,同时毛球脱

落速度也快,7 000 转左右时毛球即已大量脱落;机织物样本起毛起球的速度和严重程度不如针织物样本,然而起毛起球持续时间长,摩擦12 000 转后毛球才逐渐脱落。这些特性均无法用某一时刻的面料起球状态来描述。

面料的实际使用过程中,环境对起毛起球的影响也很大:用于沙发的面料在使用过程中不断与衣物接触摩擦,而用于窗帘的面料在相同时间下受到的摩擦次数与沙发面料差异非常大。因此,织物的起毛起球评价应该是在其整个寿命范围内的动态描述。

为了动态地描述织物起毛起球性能,将起毛起球等级曲线与上文的绒毛覆盖率曲线、覆盖体积曲线和粗糙度曲线共同作为织物起毛起球性能的动态表征指标,动态显示织物在整个过程中的综合起毛起球程度(等级)和织物表面磨损情况的变化。

6.4 小结

(1) 通过设立摩擦观测点,展示棉纤维针织物样本和机织物样本在各摩擦阶段下的显微绒毛形态。机织和针织物样本都经历了绒毛生长、绒毛成球和毛球脱落三个阶段,绒毛的表面分布和集聚状态均是动态变化的。其中,机织物样本经历了第一轮毛球脱落后,剩下的绒毛重新生长、集聚形成毛球,循环完成后最终毛球脱落,而针织物样本只经历了一轮起毛起球循环。

(2) 计算覆盖率、覆盖体积和粗糙度三个特征参数,建立各参数随摩擦转数的变化曲线,分析参数在各摩擦状态下变化的趋势。曲线表明,各参数均经历了快速增长、慢速增长和下降阶段,这与起毛起球的经典三个阶段描述是一致的。其中,机织物样本的各参数在慢速增长阶段,出现了较小震荡,这是由第一轮毛球脱落导致的。从曲线可以看出,针织物样本起毛起球快,且各特征参数峰值较高,毛球脱落也快,而机织物样本的各特征参数在摩擦 10 000 转之后才到达峰值,织物上毛球的持续时间较长。

(3) 采用自制的自动评级系统评定织物在各摩擦阶段的起毛起球等级,建立起毛起球等级与摩擦转数的关系曲线,并与人工评级进行对比,结果显示客观评价与目测的评级结果相一致。机织物样本和针织物样本的等级曲线图表现出不一样的起毛起球特性:针织物样本起毛起球速度快、程度严重,同时毛球脱落速度也快,7 000 转左右时毛球即已大量脱落;机织物样本起毛起球的速度和严重程度不如针织物样本,然而起毛起球持续时间长,摩擦 12 000 转后毛球才逐渐脱落。

（4）织物的起毛起球是一个随时间动态变化的过程,特征参数曲线和等级曲线显示了织物起毛起球的动态特性,这些特性均无法用某一时刻的织物起毛起球状态来描述,因此某一摩擦状态下的起毛起球程度无法全面评价整个起毛起球过程。为了动态描述起毛起球沿摩擦转数的变化,可以将起毛起球等级随摩擦转数变化的曲线,与各参数与摩擦转数的关系曲线,共同作为起毛起球动态表征指标。

参考文献

［1］马宝玉,周衡书,蒋敏 等. GB/T 4802.1 与 GB/T 4802.2 在不同种类机织物检测中的应用探讨［J］. 中国纤检,2014,21(2)：38-40.

［2］章秋萍,徐晓锋. GB/T 4802.2 新老方法标准比较［J］. 江苏纺织,2009,9：49-51.

［3］Cooke W D. Torsional fatigue and the initiation mechanism of pilling — A comment［J］. Textile Research Journal,1981,51(5)：364-365.

［4］Kim S C,Kang T J. Fabric surface roughness evaluation using wavelet - fractal method. Part Ⅱ：Fabric pilling evaluation［J］. Textile Research Journal,2005,75(11)：761-770.

［5］Xu B G,Yu W,Wang R W. Stereovision for three-dimensional measurements of fabric pilling［J］. Textile Research Journal,2011,81(20)：2168-2179.

［6］Ming Y. Fabric wrinkling and pilling evaluation by stereovision and three-dimensional surface characterization［D］. Austin：The University of Texas,2011.

第七章　总结与展望

7.1　结论

本书介绍了自制的织物起毛起球性能自动评级软件,并且对织物起毛起球性能随时间变化的动态表征进行了描述,在软件开发过程中,得出两点结论:

(1)在起毛起球过程中,绒毛是影响织物表面状况的关键因素。绒毛细度通常为几十微米,要实现对绒毛的评价,需保证图像中绒毛具有足够的清晰度。现有研究使用的二维、三维图像采集装置不具备足够放大倍数,因此需要采用光学显微镜放大级别的设备才能使绒毛清晰成像,从而提取准确的绒毛深度信息。

(2)织物起毛起球是一个随时间动态变化的过程,而且织物的使用环境对起毛起球影响很大。例如,相同时间下用于沙发的面料和用于窗帘的面料所受的摩擦次数差异非常大。因此应该在织物使用寿命范围内动态描述其起毛起球的状态,而不能用某一时刻的状态来描述整个过程。

7.2　展望

本书研究的织物起毛起球计算机自动评级系统为图像采集和图像处理协同进行的集成式系统,实现了无人工干预下织物起毛起球性能的自动评级,但由于研究水平、研究时间等方面的原因,本书尚有许多不完善之处,今后的工作可以概括为以下几个方面:

(1)织物检测系统的速度有待提高。本书研制的起毛起球评级系统操作流程包括序列多焦面图层采集、深度重建、绒毛分割、特征值提取和自动评级等。其中图像采集时需控制载物台以较小步长沿 z 轴移动 60 次,采集并处理当前视野后,平台移至下一视野重复图像采集和算法计算,完成一块面料的检测需采集和处理 20 个视野。这显然非常耗时。软件算法中占用内存和时间的主要是清晰度的计算。采集的图像大小为 800 像素×600 像素,一幅图层包含 48 万个像素点,需计算 61 幅图层也就是 2 928 万个像素点的清晰度。另外,本书提出的清晰度评价算法需将目标周围的像素点考虑进去,因此每个像素点会参与若干次计算。经实验,当评价区域半径选择为 3 时,该算法所耗时间大概为 11.3 s。整个系统完成一块织物起毛起球等级评定耗时在 20 min 以上。在进一步研究中,可选择对自动化指令响应更迅速的移动平台或优化系算法来提高速度。

（2）织物种类的完善。由于采集的样本数量和种类限制,本书选择了 216 组棉纤维机织物和针织物的检测区域作为学习和训练样本。在进一步的研究中,可采集涤纶、锦纶等纤维材料和不同组织结构的机织物、针织物和非织物进行测试,并建立庞大的分类样本训练库,使系统能够满足对各种纤维材料和组织结构织物起毛起球性能的自动评级。

（3）织物起毛起球性能自动评级系统有待进一步研发。本书初步研究了织物起毛起球性能随时间变化的动态表征。由于实验仪器的限制,对起毛起球性能随摩擦转数变化的分析和评级是通过设立观测点达到的,不是一个绝对的连续动态表征。后续可研发将起毛起球、图像采集和图像处理集成一体的织物起毛起球测试仪器,真正实现对织物起毛起球性能随摩擦时间变化的动态评价。另外,由于系统能够获取织物表层的深度信息和形态细节,后续的研究中可加入织物磨损、褪色、疵点等外观的检测,构建织物外观综合检测仪器。